發酵

麵包「酸味」和「美味」精準掌控

堀田誠◎著

瑞昇文化

前言

我在2016年（譯註：此為日本出版年分，台版為2017年）出版的《麵包職人烘焙教科書：精準掌握近乎完美的好味道！》一書，是將焦點放在麵包製作的流程。
這次則是更深入一步，要跟大家談談「發酵」這個關鍵字。
製作麵包時所說的「發酵」，是指「酵母菌發酵」。

酵母菌發酵並非只是「使其膨脹」，還要產生「美味」和「酸味」的變化，
這是我在經營「Roti-Orang」麵包教室時，深有體會的一件事。
而這些過程和酵母菌、乳酸菌以及麴黴菌等發酵菌有密切關係，
所以製作麵包時，必須理解這些發酵菌各自的特徵。
但是發酵菌的周圍也存在著腐敗菌，
所以重要的就是分辨出發酵菌。

此外，酵母菌、乳酸菌和麴黴菌當中，
也存在著對人類有害的菌種，這點也要特別注意。
若要使用特別像是麴黴菌這類，在產生黴毒素之菌附近的菌種，
我會建議大家使用市面上的產品。

透過發酵種去體驗專業麵包師傅如何使用講究的主材料，
使其在美味和酸味上產生強大變化，
就會對先人的智慧深感訝異。
麵包的作法有無限多種。
請堅持自己認可的美味和酸味，享受製作麵包的過程。

另外，當您在製作本書所介紹的麵包時，
不一定能做出完全相同的麵包。
這是因為製作發酵種的場所中，存在的菌種各不相同。
正因為如此，利用自己做的發酵種製作出來的麵包，
才會產生各種不同的風味，增添製作麵包的樂趣。

Roti-Orang 堀田誠

CONTENTS

水果種

酒種

優格種

酸種

魯邦種

裸麥酸種

啤酒花種

Roti-Orang 的麵包製作理論

製作麵包時，妥善調配麵粉、酵母菌、水和鹽這些基本材料的比例是一大要點。麵粉、酵母菌、和水這三者之間有著密不可分的關係，而加入鹽的作用則是提味。鹽和「麵粉＋水」（＝蛋白質）、「麵粉＋酵母菌」（＝酵素活性）、「酵母菌＋水」（＝滲透壓）都有所關聯。下方將以圖示呈現上述材料的關聯性，請大家先牢記彼此之間的關係。

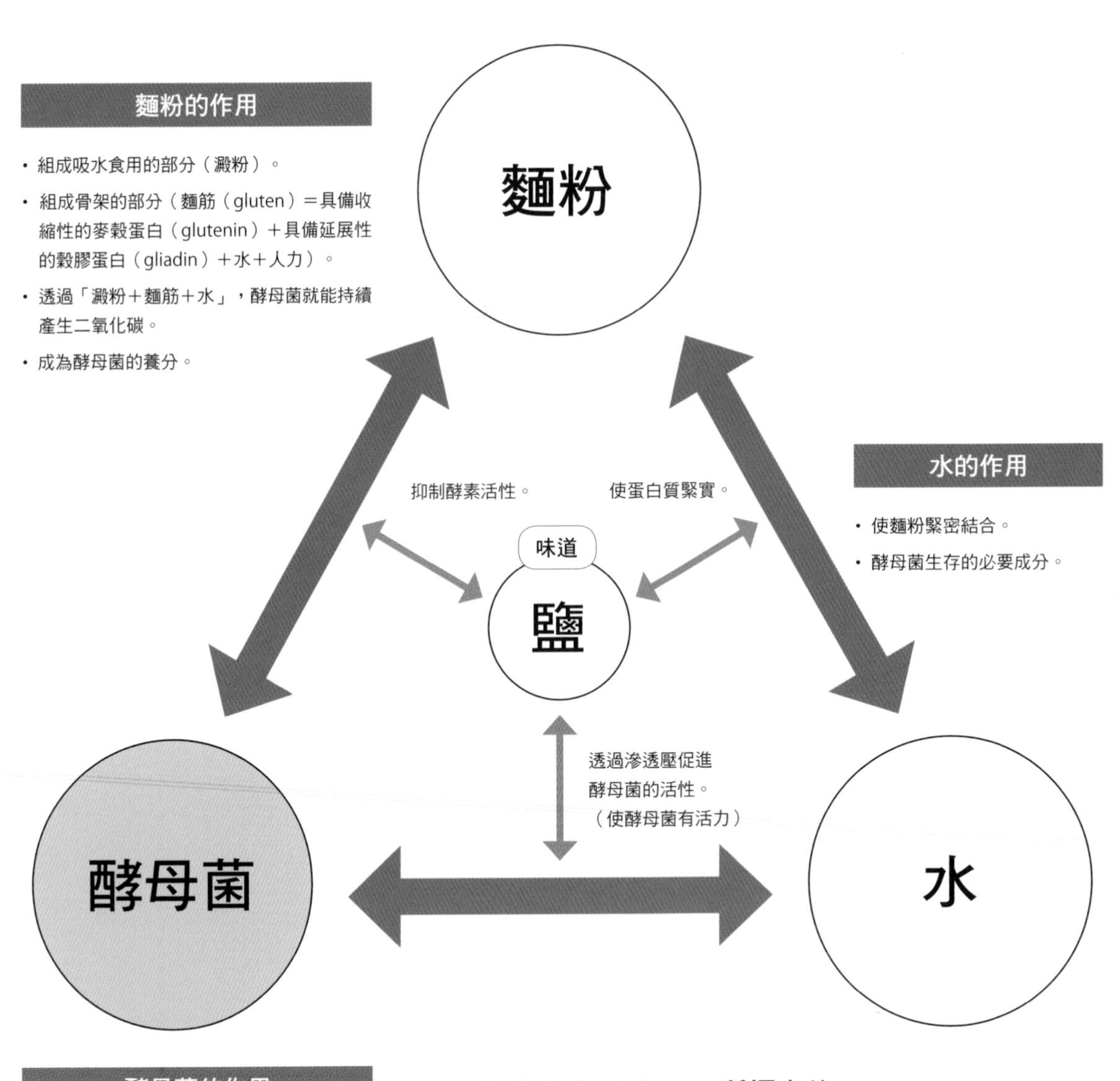

酵母菌的作用

・扮演幫浦的角色。
・控制口感和味道。
・沒有水就無法生存。
・要使酵母菌增加需要養分（澱粉）。

這就是 Roti-Orang 所探究的
基本的麵包製作材料的關聯性，
本書將以其中的酵母菌為焦點，
來探討發酵一事。

Roti-Orang 的 3 種酵母菌威力理論

「發酵」是一個意義非常廣泛的詞彙。在 Roti-Orang 的麵包教室課程中，我將發酵大致分為 3 種類型來研究，並依據想要製作的麵包種類來區分運用。這是因為根據發酵類型，促進發酵的酵母菌、乳酸菌和微生物等菌種都大不相同，摻雜複雜要素在內的緣故。在此，請大家先牢記「發酵」的基本概念。

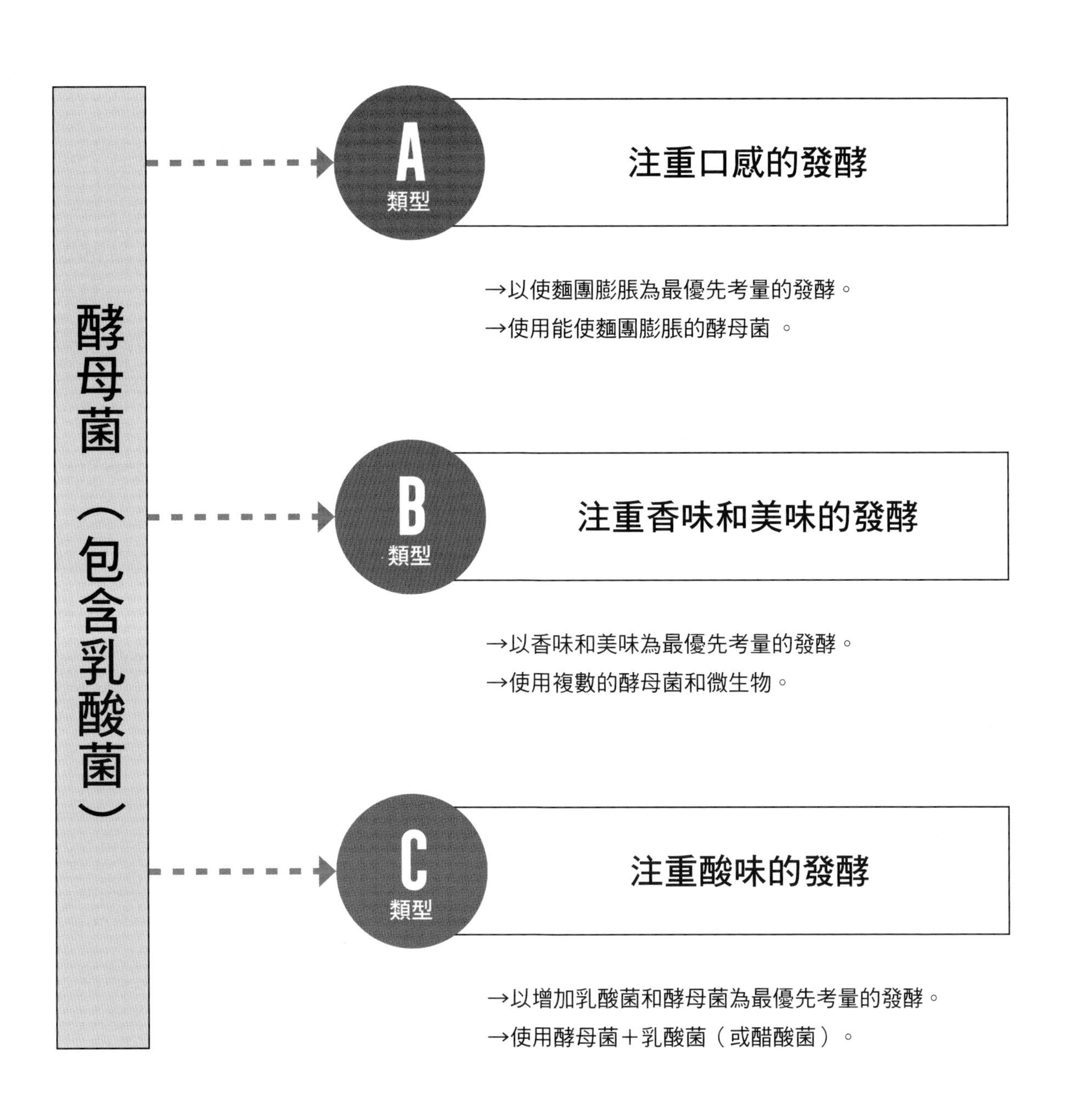

瞭解酵母

何謂「發酵」

「發酵」一般是指酵母菌和乳酸菌的共生關係，一種是乳酸菌一旦增加，酵母菌就增加的類型，另一種則是乳酸菌增生過多，酵母菌就休眠的類型。依據乳酸菌的多寡，酵母菌的活動會有所改變，一般認為若達到最佳條件，酵母菌就能良好生長，但是目前尚未查明這個機制形成的原因。在此要注意的是，「發酵」和「腐壞」不同，確實瞭解這個概念是極為重要的一件事。

〈發酵種菌的環境條件〉

發酵菌有各式各樣的種類，在製作麵包的過程中，所使用的是酵母菌、乳酸菌、醋酸菌和麴黴菌這 4 種，本書將這些菌種稱為「發酵種菌」。要讓這些發酵種菌活力十足地活動，需要 5 個環境條件（溫度、氧氣、養分、pH 值、水分）。

① 溫度

不論是酵母菌還是乳酸菌，都會根據酵素的活動而充滿活力。酵素的活動溫度為 4 ～ 45℃，活性達到最高的溫度是 25 ～ 35℃。酵素會在 4℃開始分解，在 30 ～ 40℃時，活性會達到巔峰。此時，酵素會有效率地分解營養成分，藉此取得能量，最後酵母菌就能充滿活力地增殖。接下來，酵素分解的速度就會急速下降。此外，酵素的主要成分為蛋白質，所以一旦溫度超過 50℃，蛋白質就會因為熱度而變質，超過 60℃就會損壞且無法復原（熱變性）。

② 氧氣

麵包膨脹必須依靠酒精發酵和氧氣。酒精發酵不需要氧氣，但是若只有酒精發酵，麵包膨脹就會很耗時，而且還會做出帶有強烈酒味的麵包。酵母進行「呼吸作用」需要氧氣。進行呼吸作用時，1 個葡萄糖（養分）能產生 38ATP 的能量，所以發酵速度會加快。

③ 養分（營養）

製作麵包所需要的養分，來自於麵粉當中含有的澱粉所分解出來的麥芽糖，以及作為材料加入的砂糖（蔗糖）。此外，麥芽糖和蔗糖分解出來的葡萄糖或果糖也會成為養分。

④ pH 值（酸鹼值）

進行發酵的微生物喜歡酸性的環境，所以 pH 值會帶來很大的影響。

何謂「pH 值」

利用 1 ～ 14 的數字代表酸性和鹼性的強度，並以此表示氫離子濃度。pH7 代表中性，數值越接近 pH1，酸性就越強，越接近 pH14，則鹼性就越強。氫離子濃度的計算公式如下：

$pH = -\log_{10}[H^+]$

＊ $[H^+]$ ＝氫離子濃度

$[H^+]$ 以 10^{-a} 表示，如果 $[H^+] = 10^{-4}$，則 pH 值＝ 4

也就是說，只要 pH 值每降低 1，氫離子濃度就會增加 10 倍、100 倍、1000 倍……，所以即使 pH 值只有些微誤差，也會對麵包帶來極大變化。

⑤ 水分

酵素進行活動時是在水裡，所以絕對需要水分。

在製作麵包的過程中，酵母種菌的作用

製作麵包的發酵分為短時間發酵的主麵團（即麵包麵團）發酵，以及長時間發酵的發酵種發酵。主麵團發酵是以麵包酵母（市售酵母）為主角，可以做出各種麵包。另一方面，發酵種發酵是以發酵種菌（酵母菌、乳酸菌、醋酸菌、麴黴菌）為主角，可以做出精緻講究的麵包。

主麵團發酵

- 短時間發酵。
- 若以一般麵包為目標，這種作法可以做出各種麵包。
- 製作麵包的主角是麵粉。
- 微生物的主角是麵包酵母（市售酵母）。
- 可以控制麵包的「口感」。
- 對麵包造成微弱變化。

發酵種發酵

- 長時間發酵。
- 能做出精緻講究的麵包。
- 製作麵包的主角是微生物。
- 微生物的主角是酵母菌和乳酸菌。菌的種類越多越有效。
- 可以控制麵包的「香味和美味」。
- 對麵包造成強烈變化（也包含麵包酵母（市售酵母））。

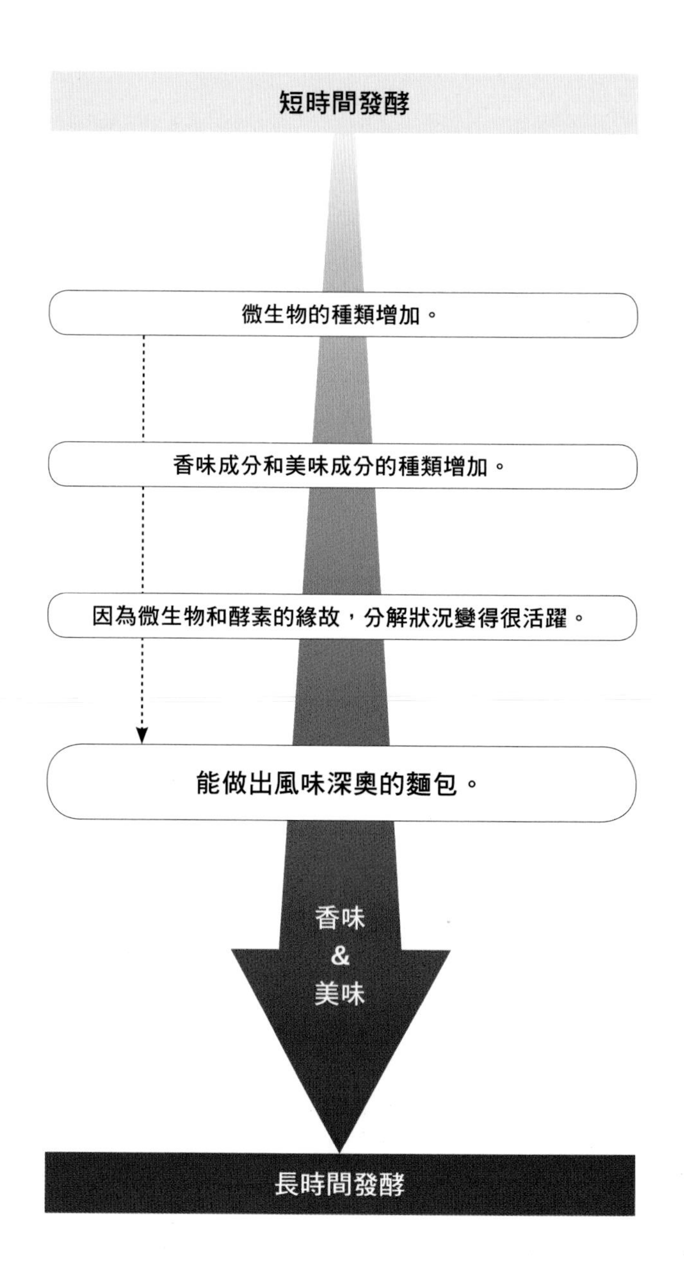

酵母菌的英文是「Yeast」，有市售酵母菌、天然酵母菌，以及自製酵母菌等種類。有氧氣時，酵母菌會透過呼吸作用獲得許多能量並快速增殖，同時還會產生大量的二氧化碳。沒有氧氣的情況下，因為會進行酒精發酵，所以獲得的能量很少，會慢慢增殖，產生少量的二氧化碳。在酵母菌之中，經常拿來製作麵包的，就是發酵力強大的「釀酒酵母（Saccharomyces cerevisiae）」。其他還包含發酵力微弱，但是在發酵過程中會產生各種有機酸或醛類這些和美味、風味、香味有關之物質的酵母菌，藉此做出發酵過程繁複的麵包。

〈酵母菌的活動形式〉

＊ ATP ＝鎖在養分中的能量。

酒精發酵的情況

$$C_6H_{12}O_6 \rightarrow 2C_2H_5OH + 2CO_2 + 2ATP$$

（葡萄糖）→（乙醇）＋（二氧化碳）＋（能量）

酵素發揮作用

呼吸作用的情況

$$C_6H_{12}O_6 + 6O_2 \rightarrow 6CO_2 + 6H_2O + 38ATP$$

（葡萄糖）＋（氧氣）→（二氧化碳）＋（水）＋（能量）

酵素發揮作用

〈酵母菌活力十足進行活動的環境條件〉

① 溫度

酵母菌的活動溫度為 4 ～ 40℃。活性達到最高的溫度是 25 ～ 35℃。

② 氧氣

不論有沒有氧氣都可以生存。但是想要快速產生大量發泡時，就必須要有氧氣。

③ 養分（營養）

依照養分來源，分為以麵粉中含有的澱粉分解出來的麥芽糖為主食的酵母菌，和以砂糖（蔗糖）為主食的酵母菌，這 2 種酵母菌都可以拿來製作麵包。

④ pH 值（酸鹼值）

要讓酵母菌的活性變高，酸鹼值必須處於弱酸性的 pH5 ～ 6。若太過偏向酸性或鹼性，就會因為酵母菌和酵素皆為蛋白質而產生變質損壞的情況。

⑤ 水分

水分是不可或缺的要素。

乳酸菌以糖和蛋白質為養分，是產生乳酸藉此進行生命活動的細菌類總稱。氧氣雖然不是發酵的必要條件，但透過氧氣可以更有活力地增殖是乳酸菌的特徵。乳酸菌大致分為只能產生乳酸的「同型（homo）乳酸菌」，以及除了乳酸菌之外，還能產生其他物質的「異型（hetero）乳酸菌」這 2 種類型。順帶一提，「homo」是指「單一」，而「hetero」則表示「不同的形式」。乳酸菌和酵母菌一樣，都會將吃掉的養分作為能量來分解，但其分解方式和酵母菌不同。乳酸菌的種類多不勝數，各個菌種的溫度和 pH 值等能使菌種充滿活力的條件也各不相同。

〈乳酸菌的活動形式〉

＊並非只有酵母菌能產生酒精，也並非只有醋酸菌才能產生醋酸，除了產生乳酸之外，有些乳酸菌還能產生酒精和醋酸。

同型乳酸菌的情況

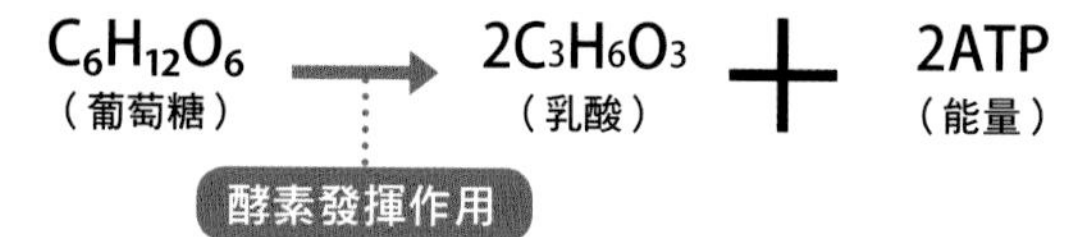

異型乳酸菌的情況

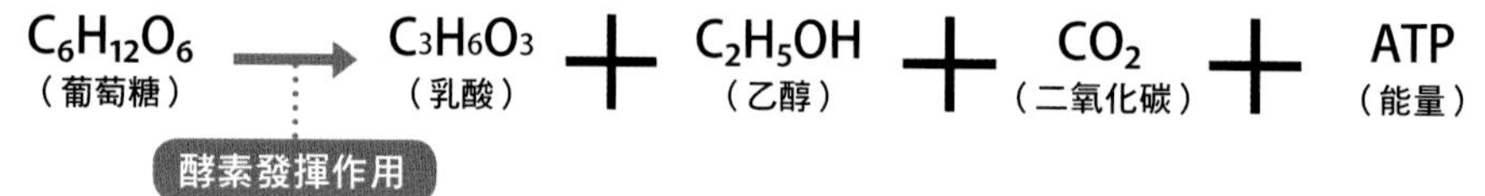

〈乳酸菌活力十足進行活動的環境條件〉

① 溫度

乳酸菌和酵母菌的活動溫度相同（4 ～ 40℃），但是也有一些乳酸菌會在 30℃以上的高溫區或 20℃左右、稍低一點的低溫區充滿活力地活動。若在高溫區培育，就會做出口感清爽的酸味麵包，在低溫區培育的話，就會做出很酸的麵包。這是我做麵包時的自身感受，但目前還不清楚造成這種差異的詳細原因。

② 氧氣

基本上不用氧氣就能發酵。

③ 養分（營養）

以醣類或蛋白質為養分。

④ pH 值（酸鹼值）

活動範圍大概在 pH6.5 ～ 3.5，但是在 pH4 ～ 4.5 左右的活性很高。

⑤ 水分

水分是不可或缺的要素。

醋酸菌會氧化乙醇，是產生醋酸藉此進行生命活動的細菌類總稱。醋酸菌的養分不是醣類，而是酵母菌產生的酒精，所以也需要氧氣。雖然酵母菌增加時，會使用掉所有養分當中的糖，但醋酸菌只需要酒精就能增殖。醋酸具有強大殺菌作用，所以要一邊慢慢發酵一邊增殖。醋酸菌大致分為能氧化酒精的醋酸菌屬，以及氧化葡萄糖的葡萄桿菌屬。

〈醋酸菌的活動形式〉

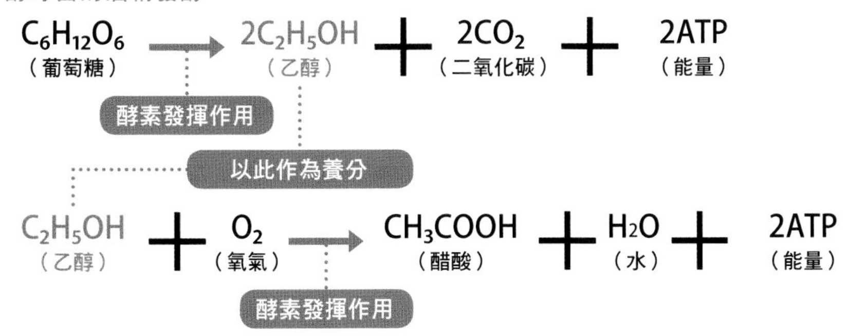

〈醋酸菌活力十足進行活動的環境條件〉

① 溫度

溫度處於 20～30℃時，活性會變高。

② 氧氣

氧氣是不可或缺的要素。若氧氣在水中溶解，在水中也能進行增殖，如果沒有溶解，就會從接觸到氧氣的表面開始慢慢增殖。

③ 養分（營養）

以酒精為養分（產生酒精的酵母菌的養分為醣類）。

④ pH 值（酸鹼值）

在 pH4～5 時活性很高，但是在 pH3 的狀態下也能存活。

⑤ 水分

水分是不可或缺的要素。

在對人類而言有用的微生物當中，麴黴菌是最具分解力的菌種。麴黴菌的「麴」的日文假名為「こうじ」，可以寫成「麴」和「糀」這 2 個漢字，兩者各自增殖的場所和產生的風味、用途都大不相同。本書使用的是「麴」。麴黴菌只繁殖於溼度高的東亞圈範圍（包含部分的東南亞）。在日本用於釀造和食品等用途的，大致分為黃麴菌和黑麴菌，2 個菌種都有各自的白色變異株。黃麴菌的白色變異株是醬油麴黴，黑麴菌的白色變異株則是河內白麴黴。

〈麴和糀〉

	黴的名字	增殖的場所	產生的風味	用途
麴	根黴菌（包含部分的「毛黴菌」）	一般穀物（米、麥子、大豆等）	酸味	酒（紹興酒、酒精度數高的釀造酒、中國白酒）
糀	米麴菌	米	甜味	酒、調味料（醬油、味醂等）、醃漬物等

〈麴黴菌活力十足進行活動的環境條件〉

① 溫度

溫度處於 25 ～ 28℃時，活性會變高。

② 氧氣

氧氣是不可或缺的要素。

③ 養分（營養）

以澱粉質或蛋白質為養分。

④ pH 值（酸鹼值）

最有活力的酸鹼值範圍是 pH4 ～ 4.5，但是可以在更加廣泛的酸鹼值範圍存活。

⑤ 水分

水分是不可或缺的要素。

〈發酵種菌的分類和種類〉

酵母菌的分類

Saccharomyces 酵母屬

Cerevisiae	釀酒酵母
Bayanus	貝酵母
Exiguus	少孢酵母
	等等

Kazachstania 哈薩克斯坦酵母屬

Exigua	伊格斯奎酵母
Turicensis	圖列茨酵母
Unispora	單孢釀酒酵母
	等等

Candida 假絲酵母菌屬

Milleri	米勒酵母
Albicans	白色念珠菌
	等等

乳酸菌的分類

Lactobacillus 乳酸桿菌屬

同型

Delbrueckii	戴白氏乳酸桿菌
Bulgaricus	保加利亞乳酸桿菌
Gasseri	加氏乳酸桿菌
	等等

異型

Sanfranciscensis	舊金山乳酸桿菌
Plantarum	胚芽乳酸桿菌
Casei	酪蛋白乳酸桿菌
Sakei	清酒乳酸桿菌
Fermentum	發酵乳酸桿菌
Brevis	短毛乳酸桿菌
	等等

Lactococcus 乳酸球菌屬

同型

Cremoris	乳酸乳球菌乳脂亞種
Lactis	乳酸乳球菌
	等等

Bifidobacterium 雙歧桿菌屬

異型

Longum	長雙歧桿菌
Bifidum	雙叉雙歧桿菌
Animalis	動物雙歧桿菌
	等等

Pediococcus 片球菌屬

同型

Pentosaceus	戊糖片球菌
	等等

Leuconostoc 白色念珠菌屬

異型

Mesenteroides	腸膜明串珠菌
	等等

Enterococcus 腸球菌屬

同型

Faecalis	糞腸球菌
Faecium	屎腸球菌
	等等

＊乳酸菌也能在 Panettone 種、舊金山酸種、裸麥酸種（德國）、日本的酒種、啤酒花種中檢驗出來。

醋酸菌的分類

Acetobacter 醋酸菌屬

Aceti	醋酸菌
Orientalis	東方醋酸桿菌
Pasteurlanus	帕絲茲里阿那絲菌
Xylinum	木醋桿菌
	等等

Gluconobacter 葡萄桿菌屬

Oxydans	氧化葡糖酸桿菌
Roseus	玫瑰葡糖桿菌
	等等

麴黴菌的分類

Aspergillus 麴菌屬

黃麴菌

Oryzae	米麴菌
Sojae	醬油麴菌（白色變異株）
	等等

黑麴菌

Luchuensis	琉球麴黴
Luchuensis mut. kawachii	河內白麴黴（白色變異株）
Luchuensis var. awamori	泡盛變種麴黴　等等

可能產生黴毒素的黴菌

Flavus	黃麴菌
Fumigatus	薰煙色麴菌
Niger	黑麴菌
	等等

＊除了上述所列之外，各個發酵種菌都還有許多種類。

何謂「發酵種」

培育酵母菌或乳酸菌的發酵種大致分為 3 種。分別是只有 1 種酵母菌的發酵種、有 2 種酵母菌的發酵種，以及有複數酵母菌和乳酸菌的發酵種。各個發酵種都包含多種類型。

只有單一酵母菌的發酵種

以膨脹為目的，發酵時間變長就會更加美味。

單一酵母菌＋養分的發酵種

以膨脹和增加美味、香味為目的。
像是中種、Poolish 液種等等。

複合酵母菌＋養分的發酵種

和只有 1 種酵母菌的發酵種相比，帶有更複雜的美味和香味。
像是水果種、優格種（不含麵粉）、酒種等等。

複合酵母菌＋複合乳酸菌的發酵種

能做出非常美味的麵包。分為自己起種和市售的類型。
像是魯邦種、白酸種、裸麥酸種、啤酒花種、
優格種（含麵粉）、Panettone 種（義大利的發酵種）等等。

製作麵包時，發酵種的運作方式

根據發酵種的種類和發酵時間，麵包的風味會產生極大差異。一起來研究一下 P9 提到的 A 類型、B 類型和 C 類型吧。

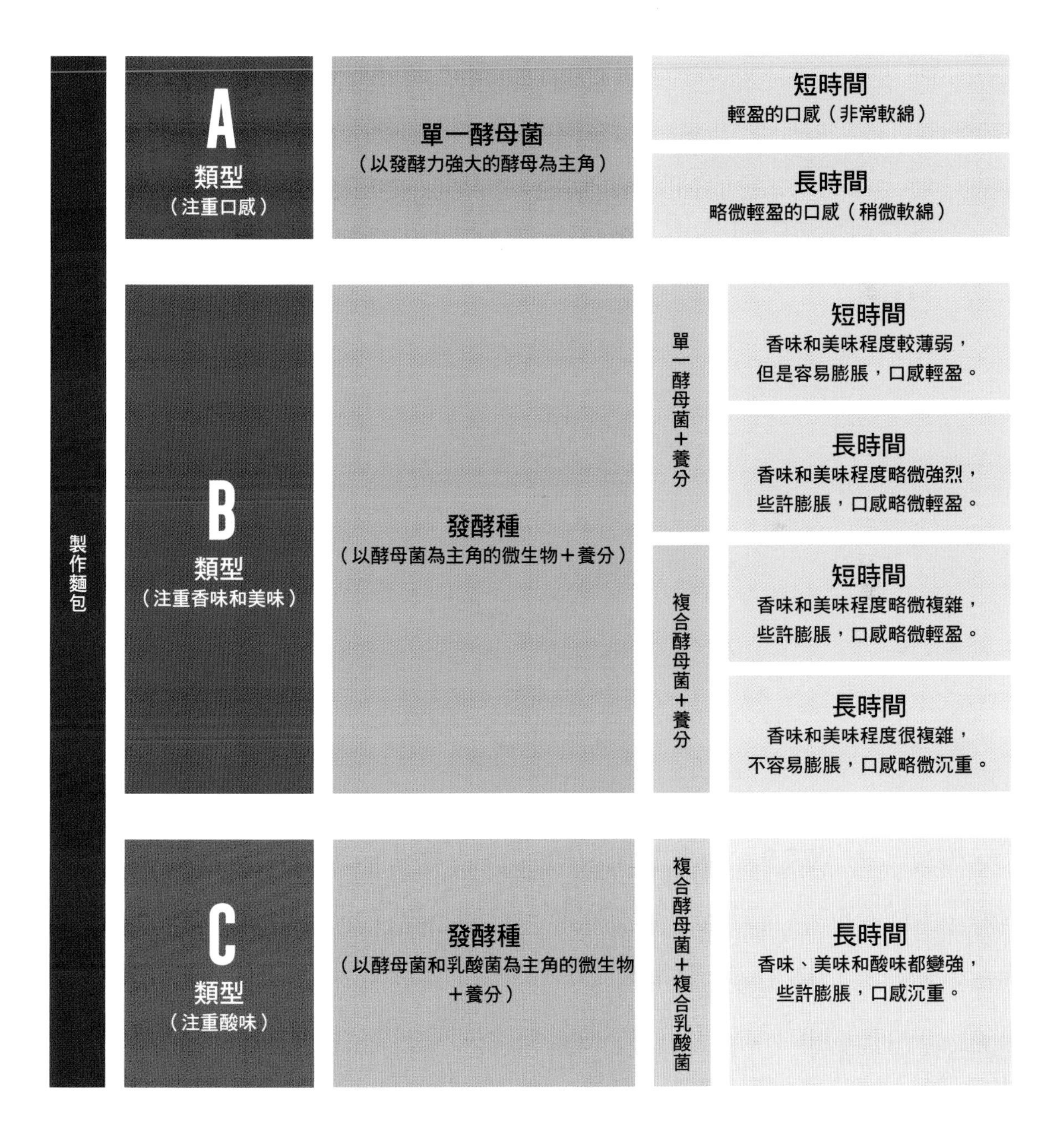

〈發酵種的味道和時間的關聯〉

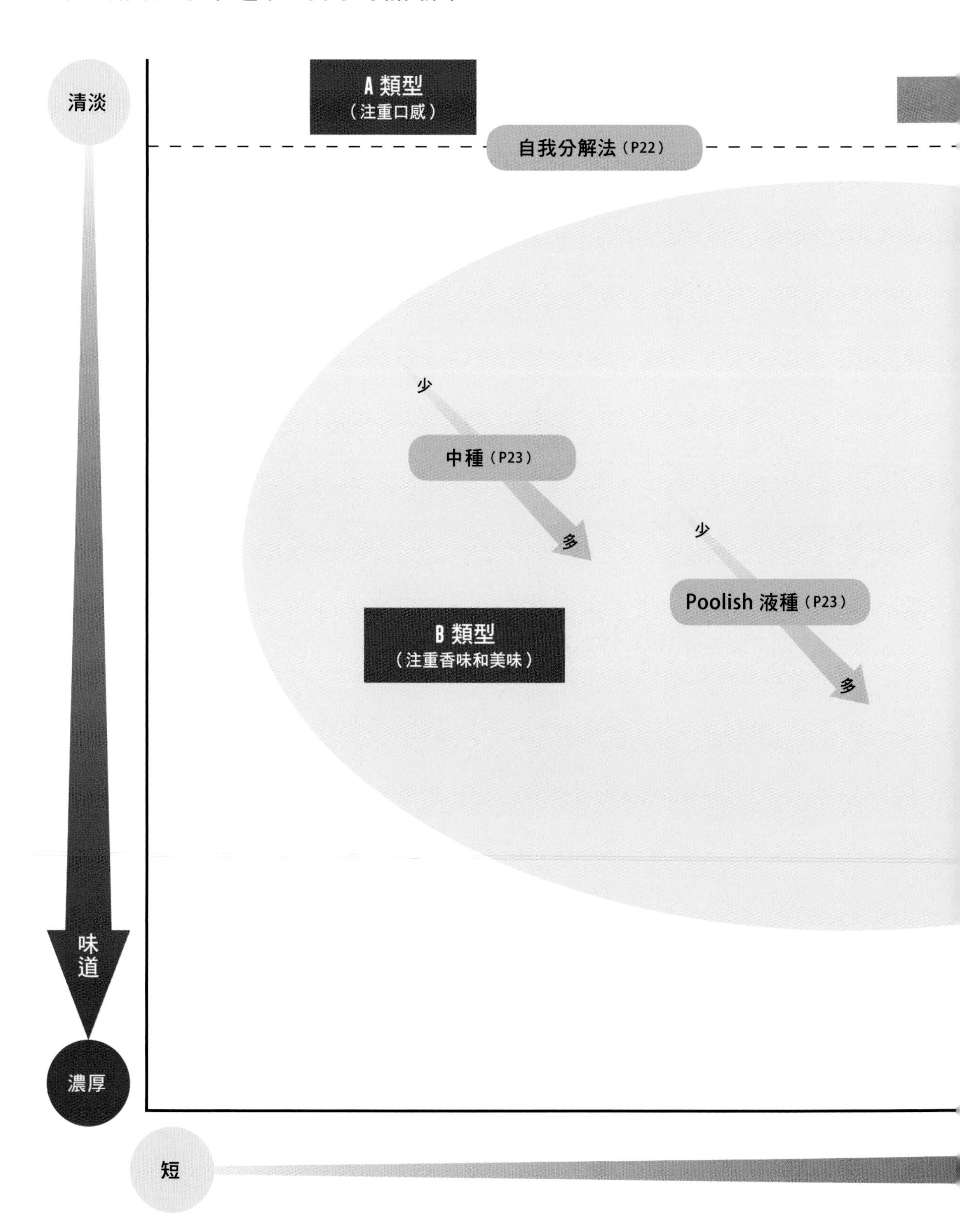

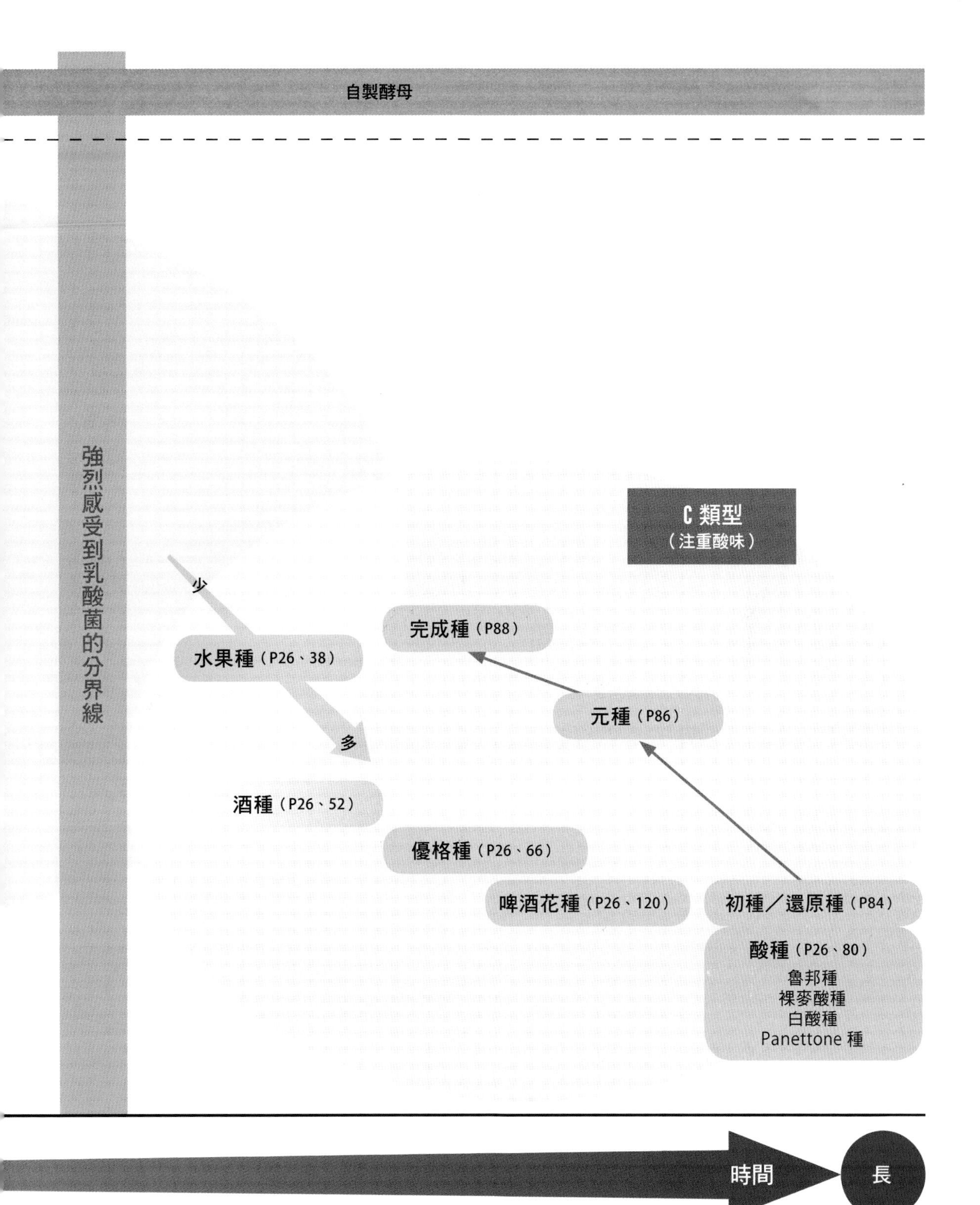

自製酵母
強烈感受到乳酸菌的分界線
C類型
（注重酸味）
少
多
水果種（P26、38）
完成種（P88）
元種（P86）
酒種（P26、52）
優格種（P26、66）
啤酒花種（P26、120）
初種／還原種（P84）
酸種（P26、80）
魯邦種
裸麥酸種
白酸種
Panettone 種
時間
長

注重口感的發酵

大家常說：「要感受小麥原本的味道」，若在短時間內完成麵包烘焙，就很容易保留小麥的味道。**想做出帶有小麥香味和美味的麵包時，就不能讓麵包產生很大的變化。**所以要仔細思考一個能夠注重麵包形狀、口感的比例調配和流程。

自我分解法

這是利用麵筋順暢形成和小麥（或添加的麥芽精）酵素活性的一種作法。一開始先將麵粉和水（部分麥芽精）攪拌均勻，在短時間內形成麵筋骨架後，再加入酵母菌和鹽，使麵團緊實。以這種方式烘烤時，麵筋骨架就會確實延展開來，適合用於以麵筋骨架不足的麵粉製作而成的麵包。此外，一開始小麥或麥芽精含有的澱粉分解酵素會產生反應，就可以使用源自澱粉的醣類，藉此做出簡單的麵包或酵素量很少的麵包，呈現出美麗的色澤。而且透過澱粉分解酵素之外的酵素反應，還能產生香味成分和美味成分之類的副產物。使用自我分解法時，會在加入酵母菌後再加入鹽。但若使用不易擴散的即溶乾酵母，或是使麵團緊實的時間只有短暫的 30 分鐘左右的情況下，有時也會在一開始就和麵粉及水等一起加入（因為酵母菌活性提高需要 15 分鐘左右）。

〈自我分解法的材料和作法〉

高筋麵粉（春之戀）………………………… 300g
麥芽精（稀釋）……………………………… 3g
＊麥芽精：水＝以 1：1 的比例稀釋。
水 ……………………………………………… 225g

將所有材料放入容器中，攪拌均勻。

完成。第一天沒有任何變化，沒有膨脹。

B 類型 注重香味和美味的發酵

微生物一旦透過發酵進行活動，作為養分的物質（麵粉）就會反覆進行分解和合成，並產生變化。微生物分解麵粉後取得能量，並以此能量增殖，另一方面，殘留下來的零碎物質會變化成不同的形式（例如為了修復基因的蛋白質等等）。經由養分的麵粉分解後直接感受到的味道，就是美味成分的氨基酸、核酸和香味成分的酯類化合物、酮體等等。微生物使麵粉產生眾多變化後，就會增加香味和美味。要做出風味有深度、帶有美味和香味的麵包，就要使用發酵種。發酵種分成硬型（中種）和軟型（Poolish 液種），比較兩者之後就會發現微生物增殖的方式和酵母菌數量、麵筋骨架形成方式、口感等都有極大差異，就能藉此做出適合這些條件的麵包。

〈發酵種的種類〉

中種

在部分麵粉中加入水和酵母菌後進行攪拌，使其發酵。由於質地堅硬，所以麵粉和水緊密結合後，保水力會略高。麵筋骨架很堅固，能縮短揉製時間。中種的 pH 值屬於弱酸性，所以加入主麵團當中，酵母就會趨於穩定。

Poolish 液種

在預先準備的部分麵粉中加入水和酵母菌，使其進行發酵。雖然將 Poolish 液種和主麵團一起攪拌，但此時的重點在於麵粉和水必須等量。由於具有接近液體的柔軟度，微生物容易進行活動，所以酵母要少加一點。Poolish 液種的 pH 值屬於弱酸性，故加入主麵團當中，酵母就會趨於穩定。

〈發酵種的微生物和口感的關聯〉

	硬發酵種（中種）	軟發酵種（Poolish 液種）
微生物 使用容易膨脹的單一酵母菌	不容易增殖	容易增殖
酵母菌用量	多	少
麵筋骨架	在穩固狀態下加入主麵團內	在脆弱狀態下加入主麵團內 （麵筋很脆弱，發酵耗時）
口感	大小相等且滑順 口感軟綿	大小稍微不一 口感爽脆、輕盈
適合的麵包	吐司、奶油麵包捲等等	講究外皮的脆皮吐司等等

〈中種麵包的調配比例〉

在部分麵粉中加入水和酵母菌後進行攪拌，待其發酵後加入剩餘材料製作麵團。
由於分成 2 次攪拌，所以麵筋的延展性會變好，能做出穩定的麵包。

中種（製作吐司時）

中種是從中種和主麵團所使用的麵粉用量總計，去計算出其他材料的用量，故在此以食譜例來表示數值（烘焙百分比%）。

□ 中種

		烘焙百分比%
高筋麵粉（春豐 Blend）	180g	60
即溶乾酵母	1.6g	0.6
水	108g	36
Total	289.6g	96.6

□ 主麵團

		烘焙百分比%
高筋麵粉（春豐 Blend）	120g	40
即溶乾酵母	0.6g	0.2
鹽	4.8g	1.6
黍砂糖	30g	10
全蛋	30g	10
牛奶	30g	10
水	48g	16
奶油（不含食鹽）	30g	10
Total	293.4g	97.8

＊附帶一提，使用這個食譜製作麵包時，揉成溫度為 27℃，第一次發酵設定 30℃維持 20 分鐘，靜置醒麵時間為 10 分鐘，最後發酵設定 35℃維持 40 分鐘，烘烤溫度設為 200℃。

揉成溫度為 23℃／在容器中放入所有中種材料後攪拌均勻，設定 30℃發酵 30 分鐘。

中種完成。

〈Poolish 液種麵包的調配比例〉

透過事前發酵，會使麵團的延展性和味道變好。由於麵筋骨架脆弱、容易斷裂，所以能做出口感酥脆的麵包。

Poolish 液種（製作吐司時）

Poolish 液種也和中種一樣，是從 Poolish 液種和主麵團所使用的麵粉用量總計，去計算出其他材料的用量，故在此以食譜例來表示數值。

□ Poolish 液種

		烘焙百分比%
高筋麵粉（春之戀）	90g	30
即溶乾酵母	0.3g	0.1
水	108g	36
Total	198.3g	66.1

揉成溫度為 23℃／在容器中放入所有 Poolish 液種的材料後攪拌均勻，設定 28℃發酵 5 小時。

□ 主麵團

		烘焙百分比%
高筋麵粉（春豐 Blend）	210g	70
即溶乾酵母	0.6g	0.2
鹽	6g	2
黍砂糖	9g	3
麥芽精（稀釋）	3g	1
＊麥芽精：水＝以 1：1 的比例稀釋。		
水	108g	36
起酥油	9g	3
Total	345.6g	115.2

＊附帶一提，使用這個食譜製作麵包時，揉成溫度為 26℃，第一次發酵設定 28℃維持 30 分鐘，翻麵，設定 28℃發酵 2 小時，靜置醒麵時間為 15 分鐘，最後發酵設定 30℃維持 2 小時，烘烤溫度設為 210℃。

Poolish 液種完成。

C
類型

注重酸味的發酵

對人類而言，好的微生物是指具有自然氧化作用的微生物。微生物一旦靜置，乳酸菌就會增加，並自然變酸。乳酸菌一增加，透過加成作用的緣故，酵母菌也會跟著增加。於是以酵母菌所產生的酒精為養分的醋酸菌就會增加，在比乳酸菌更具酸性的地方活躍生長。產生酸味後，發酵種就不容易受汙染，做出來的麵包也不容易發霉或腐敗。乳酸菌出現時，雖然會根據發酵種產生差異，但還是會因為各個發酵種是屬於硬發酵種還是軟發酵種，而產生不同的特徵。比較這些發酵種後，就能發現微生物的增殖方式，會使酸味產生極大變化。要做出喜歡的酸味，就必須適時調整微生物。

〈發酵種的種類〉

水果種

是指通常使用水果和水，或視情況加入砂糖起種製成的酵母。這個發酵種的特徵是味道不酸，容易看到發酵的泡泡一個接一個出現。可以使用新鮮水果或乾燥水果。但若使用乾燥水果，就要選擇沒有經過塗油處理的。

優格種

是指在優格中加入水，或視情況加入全麥麵粉起種製成的酵母。這個發酵種的特徵是可以感受到優格溫和的酸味，而且發酵力強大。優格要選擇原味優格（沒有添加 pH 調整劑）。

酒種

是指使用生米、米飯、酒粕或米麴和水起種製成的酵母。這是日本常見的酵母，帶有清酒的酒味，以及微微的甜味和酸味。酒粕不易溶於水，所以確實攪拌均勻是極為重要的一件事。

酸種

是指使用裸麥麵粉和麵粉起種製成的酵母。根據培養基的麵粉（裸麥麵粉或麵粉）和氣候風土的因素，生長的菌種會有所差異，具有明顯的酸味。在歐洲等地區，酸種是製作精緻麵包的常用發酵種。

啤酒花種

是指使用大家熟知的啤酒原料「啤酒花」所熬煮的汁液，再加上麵粉、馬鈴薯泥、蘋果泥，或視情況使用砂糖、米麴、水起種製成的酵母。因為類似啤酒和清酒組合而成的產物，所以除了酸味之外，還帶有隱約的甜味和苦味。

〈發酵種的微生物和口感的關聯〉

	硬發酵種（酸種 TA＊[1]160／水果種）	軟發酵種（酸種 TA200／水果種）
微生物	不容易增殖	容易增殖 水分很多，所以微生物容易活動 可以使用各種微生物
酸味	慢慢變成喜歡的味道	迅速變成喜歡的味道
注意事項	酸味變太強 續種＊[2]期間略久 必須每天聞味道確認酸味	若微生物增殖過多 會導致味道變太酸， 會變成不喜歡的酸味， 所以要在短時間內續種

＊1 「TA（Teigausbeute 的縮寫）」是指麵團硬度，以數字表示將麵粉視為 100 時，和加入水量的總和。數字越大麵團就越軟。TA150 ～ 160 是堅硬，TA170 還算堅硬，從 TA180 開始變軟，TA220 則是像粥一樣的軟度。

＊2 「續種」是指取出一些乳酸菌增加過多的種，用麵粉和水稀釋。透過這個動作，微生物會變得更有活力。

〈藉由發酵種的發酵溫度產生的酸味差異〉

所有發酵種的酸味都會因為發酵溫度而改變，這取決於產生的乳酸和醋酸的比例。即使是相同的 pH 值，感受到的酸味也不同。製作麵包時，若要做出自己喜歡的酸味，就必須事先瞭解這些情況。

發酵溫度	乳酸和醋酸的比例	味道
28 ～ 35℃	乳酸很多	微弱的酸味
20 ～ 28℃	乳酸和較少醋酸	酸味稍弱
～ 20℃	乳酸和較多醋酸	強烈的酸味

〈發酵種和出名地區〉

根據所在場所的氣候風土，發酵種的活躍程度會有所差異，所以將其劃分為世界聞名的種類，以及在特定國家廣為人知的種類。

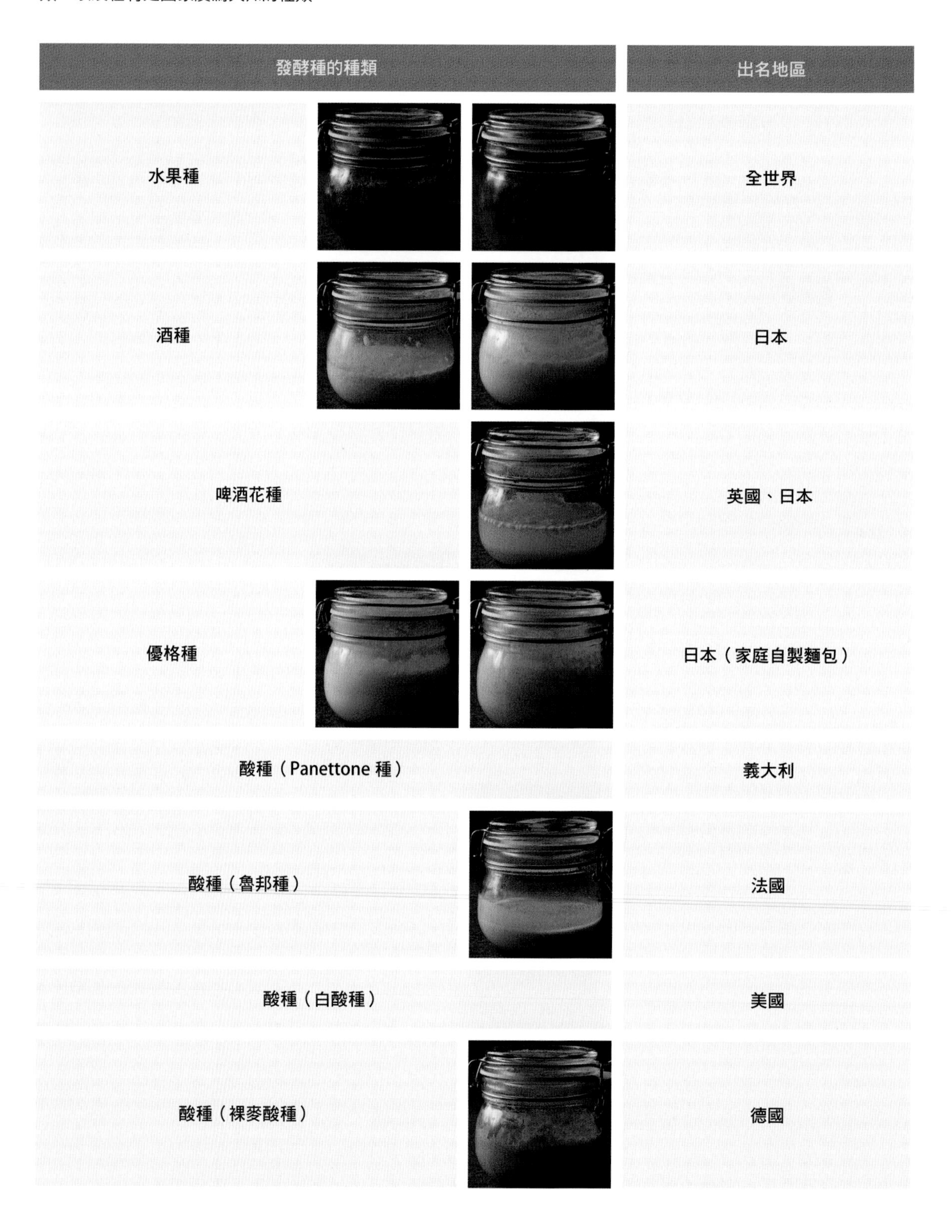

發酵種的種類	出名地區
水果種	全世界
酒種	日本
啤酒花種	英國、日本
優格種	日本（家庭自製麵包）
酸種（Panettone 種）	義大利
酸種（魯邦種）	法國
酸種（白酸種）	美國
酸種（裸麥酸種）	德國

〈Roti-Orang 的發酵種和麵粉契合度理論〉

麵粉是製作麵包的主角。只要使用適合各個發酵種的麵粉，就能做出自己喜歡的麵包。當麵粉比例為 100%，或含有全麥麵粉、裸麥麵粉時，與各個發酵種之間的契合度如下方表格所示，製作麵包時請作為參考。如果只有 1 種麵粉，就可以享受該發酵種的香味、風味和口感，若搭配 2 種以上的麵粉，就會變得比較複雜。但是，關於這種複雜的情況，雖然有時可能會增加味道的深度，相反地，也可能產生糟糕的味道，所以請大家務必注意這一點。

麵粉的種類	麵粉			全麥麵粉		裸麥麵粉			
麵粉的比例	100%			～ 10%	10% ～	～ 20%	20% ～ 50%	50% ～ 80%	80% ～
灰分含量比例	～ 0.4	0.4 ～ 0.5	0.5 ～						
發酵種：水果種	◎	◎	◎	○	○	○	△	–	–
發酵種：優格種	△	△	○	○	○	○	△	△	–
發酵種：酒種	◎	◎	○	○	○	△	–	–	–
發酵種：魯邦種	△	○	○	○	◎	◎	○	○	–
發酵種：裸麥酸種	–	–	△	△	○	○	○	◎	◎
發酵種：啤酒花種	◎	◎	○	○	△	△	–	–	–

使用發酵種
烘焙麵包

開始製作麵包前的必要知識

〈起種〉

發酵種會因為發酵菌的運作情形、pH 值、和有無氧氣等情況，使加入的養分（麵粉）的發酵力、美味和酸味慢慢產生變化。瞭解這些情況後再進行起種，就能做出符合目標的麵包發酵種。

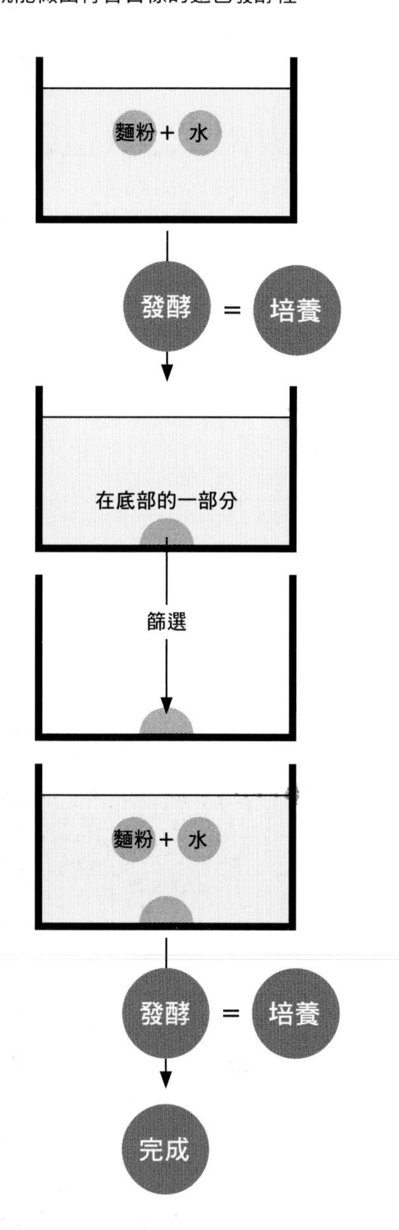

混合攪拌

提供水、養分（麵粉）、溫度、pH 值和氧氣來促進發酵。

發酵

在材料中的菌、或空氣中的落菌當中，培養含有具發酵力的酵母菌之發酵菌。「培養」是指讓微生物增殖。

篩選

在發酵過程中，篩選出所需的微生物。

續種

維持篩選和培養出來的發酵種的狀態。

〈主麵團〉

起種形成發酵種後，再製作主麵團。製作麵包的主要流程中會出現各種用語，
要先瞭解這些用語的意思再進行作業。

烘焙百分比％

烘焙百分比％是在表示材料用量時將麵粉用量設為100％，再以其他材料相對於麵粉用量的比例所呈現出來的數值（國際認同的標示）。由於烘焙百分比％並非針對所有材料的比例，所以計算總和會超過 100％。採用這個計算法是因為麵粉在麵包配方中占比最多，適合拿來當作基準。只要有烘焙百分比，不論是少量或大量的麵團，都能簡單算出其他材料所需用量。

假設高筋麵粉是 100％，砂糖是 5％，

使用 100g 的麵粉時，砂糖用量就是 100×0.05 ＝ 5g
使用 1000g 的麵粉時，砂糖用量就是 1000×0.05 ＝ 50g

計算方式如上。

烘焙百分比和實際百分比

「烘焙百分比」是指麵粉用量為 100％時，各個材料相對於麵粉的比例。「實際百分比」則是所有材料的總量為 100％時，各個材料所占的比例。製作麵包時，通常材料表中只有麵粉比例會標示為「實際百分比 100％」。

攪拌

指混合材料揉和成麵團的作業。根據麵粉的種類，會出現不同的狀態，所以要以適合各種麵粉的力道去揉捏攪拌，使麵團成為質量均等的狀態。

揉成溫度

酵母吃了酵素分解的養分後，就會變得很有活力。若酵母和酵素雙方都很有活力，麵團就會往各個方向發展膨脹，變成美味的麵包，所以促使酵母和酵素充滿活力進行活動的溫度就是極為重要的關鍵。可以將食物溫度計刺進攪拌揉成的麵團，藉此確認溫度。

第一次發酵

這是指揉成麵團所含的酵母，在麵筋骨架之間產生二氧化碳氣泡的過程。當酵母周圍有氧氣時，就會一邊進行呼吸作用一邊分解醣類，產生大量的主產物——二氧化碳，同時還會產生少量能夠增加麵包風味、美味、香味成分之類的副產物。而且二氧化碳一旦增加太多，酵母就會失去活力，轉換成酒精發酵開始分解醣類，並慢慢累積副產物。若要做出鬆軟的麵包，關鍵就是要重視促使酵母充滿活力的過程；若要做出美味、口感紮實的麵包，就要重視促進累積副產物的過程。

翻麵和翻麵的時機

從麵團攪拌揉成完畢到分割（第一次發酵）的流程中，要替麵團翻麵。先瞭解這個階段的麵團狀態和翻麵時機的重要性吧。

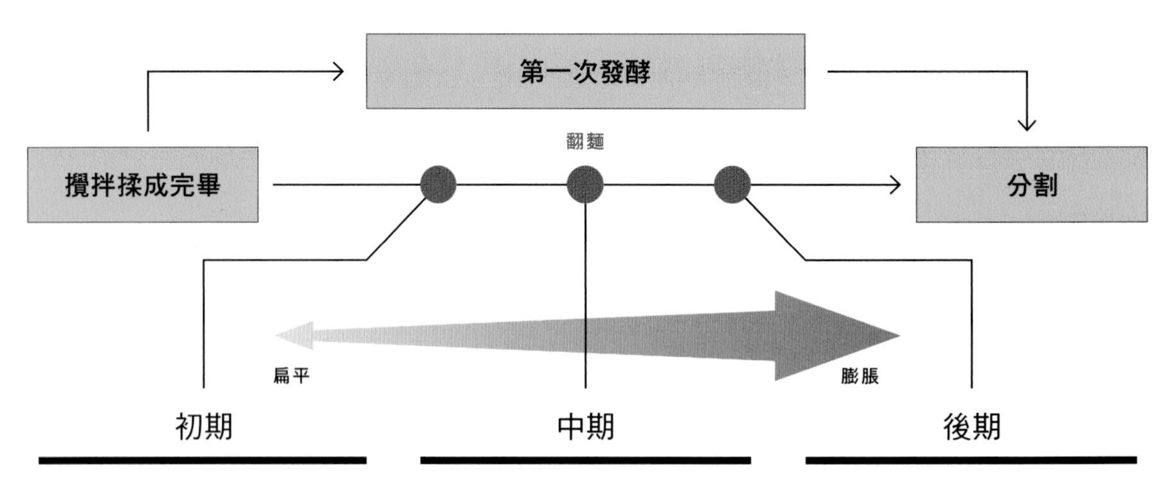

初期

麵團攪拌揉成完畢後，在氣泡尚未形成的狀態下進行翻麵，目的是強化麵筋。

中期

強化麵筋。酵母充滿活力進行活動，產生許多氣泡就是二氧化碳變多的證據。酵母活力下降，就會從呼吸作用切換為酒精發酵。所以為了引導酵母再次進行呼吸作用，就要替麵團翻麵，排出二氧化碳。

後期

強化麵筋、使酵母更有活力。當麵團攪拌揉成完畢，外部溫度和麵團溫度產生差異，麵團才會開始發酵，所以越接近第一次發酵的後期，氣泡大小不一的情況越多。必須將麵團內側翻到外面，壓薄麵團後，再摺疊麵團進行翻麵，促使麵團的溫度和氣泡大小都達到一致性。

分割／滾圓

分割／滾圓的目的是使麵包的形狀和重量相同，並讓第一次發酵後移位的麵筋骨架的鬆弛狀態和氣泡大小達到一致性。要使麵團容易延展成想做的形狀，必須統一麵筋的方向，做出能夠抗衡麵團整型力量的強壯麵筋骨架。

靜置醒麵時間

透過分割／滾圓調整過的氣泡，會再次移位且變大，已經強化過的麵筋骨架也會漸漸鬆散。靜置醒麵是要促使麵團容易延展、塑形，稍微鬆弛麵團的流程。

最後發酵

這個作業和第一次發酵類似，但目的是要讓整型調整過的氣泡和麵筋骨架能更加延展，是決定想要的口感、風味、美味和香味的最後流程。

烘烤

烘烤分為延展麵包和凝固麵包的時間，在最後發酵時會因為麵團膨脹程度（膨脹率），導致烘烤所需的溫度和時間產生差異。這裡所提到的麵團，是指剛攪拌揉成，氣泡尚未形成的狀態。將這個麵團視為 1，去評估最後發酵時麵團的膨脹率。

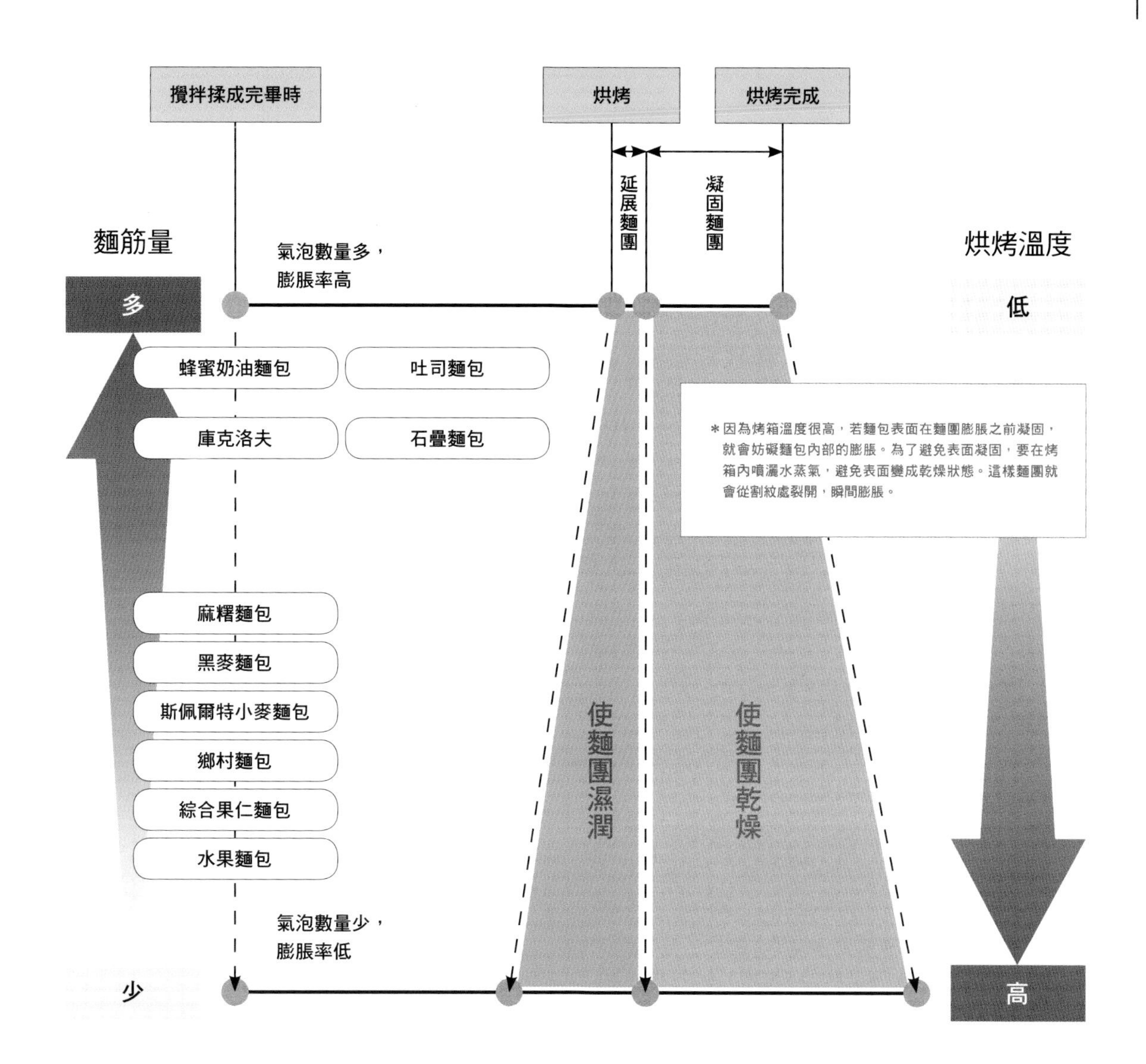

攪拌揉成完畢時麵筋含量很多的麵團

在最後發酵時讓麵團盡量膨脹，等麵筋確實鬆弛後再烘烤。為了使麵團形成薄膜狀，烘烤溫度要設定低一點。一開始要先鞏固麵筋（蛋白質）因熱變性而損壞的麵包骨架，接著讓大量氣泡受熱，之後麵團就會更加膨脹，等澱粉徹底 α 化（糊化）後，在含水狀態下以短時間烘烤完成。

攪拌揉成完畢時麵筋含量很少的麵團

在最後發酵時不要讓麵團大幅膨脹，等麵筋鬆弛到一定程度，在麵團表面稍微劃出割紋再烘烤。為了使麵團形成厚膜狀，烘烤溫度要設定為高溫。因為麵團不易導熱，麵筋（蛋白質）不容易因為熱變性而損壞，麵包骨架凝固會較花時間。由於氣泡也不容易受熱，所以麵團會慢慢膨脹，等澱粉徹底 α 化（糊化）後，在含水狀態下耗費長時間烘烤完畢。

何謂「起種」

「起種」是指增加能夠發酵的微生物。雖然微生物是從自然界採收，但在這之中也會混入雜菌。所以要培養、增加微生物，反覆進行篩選，增加乳酸菌和酵母菌。確認乳酸菌是否變多的方法，就是聞味道。出現酸味（類似好聞的米糠醃菜的味道）就是增殖的證據。雖然酵母菌是否增殖只要看氣泡即可知曉，但是也有無法確認的情況，所以聞味道確認還是最佳方法。

〈發酵種的環境條件〉

製作麵包時所尋求的微生物，是具有發酵力的酵母菌、存在於發酵食物中的各種乳酸菌，以及部分的黴，有時還需要醋酸菌。雖然微生物是空氣中到處漂浮的物質，但是製作麵包時想要利用的微生物，究竟能在何處找到？答案就存在於我們製作發酵食物的流程中。這個流程包含抑制腐敗的程序，讓我們用 6 個關鍵字來研究適合發酵種菌的環境。

① 屏障

增加所需菌種的數量，減少其他菌種。利用數量眾多的優勢形成屏障，不讓其他菌種進入。。

② 養分（營養）

促使各個發酵種菌增加的養分為何？增加方式會透過養分慢慢改變。

③ 溫度

發酵種菌各有容易繁殖的溫度。製作麵包進行發酵時，設定適合那個菌種的溫度是極為重要的一件事。

④ pH 值（酸鹼值）

發酵種菌各有容易繁殖的 pH 值。若要加入影響 pH 值的材料，必須思考這樣做對發酵種菌而言是否合適。

⑤ 氧氣

發酵種菌分為需要氧氣，和不需要氧氣的類型。瞭解這種情況後，再決定要提供氧氣還是要隔絕氧氣。

⑥ 滲透壓

發酵種菌分為耐滲透壓和不耐滲透壓的類型。會因為鹽分濃度、砂糖濃度、酒精濃度等因素，形成各個發酵種菌能夠增殖的滲透壓。

水果種

是指通常使用水果和水，或視情況加入砂糖起種製成的酵母。
水果種的特徵是味道不酸，容易看到發酵的泡泡一個接一個出現。

〈水果種的環境條件〉

① 屏障

甜的果實本來就會附著許多發酵種菌，所以能夠形成屏障。

② 養分（營養）

水果含有許多糖分，所以要讓糖分徹底溶於水中，像擴散一樣擠壓出來。像檸檬糖度很低，或是像水果乾一樣不容易搗碎的果實，就要添加糖分。

③ 溫度

在發酵種菌中也要增加作為主角的酵母菌，所以適合的溫度為 25 ～ 35℃。

④ pH 值（酸鹼值）

酸鹼值偏弱酸性時，酵母菌就容易增加，所以有酸味的果實比較適合。

⑤ 氧氣

有 2 種論點。

○提供氧氣，以酵母菌的能量效率為優先考量，促進酵母菌的增殖。在這種情況下，會產生大量二氧化碳。

○持續隔絕氧氣，創造出乳酸菌和酵母菌能處於優勢的環境，使其增殖。

⑥ 滲透壓

不考慮滲透壓造成的調節情況。

〈水果種的起種方式〉

水果種（新鮮水果）

葡萄 ………………………………… 200g
水 …………………………………… 100g

攪拌完成溫度 28℃
發酵溫度 28℃

在容器中放入所有材料攪拌均勻（攪拌完成溫度為 28℃），放入 28℃的發酵箱，每隔 12 小時攪拌 1 次。

出現小氣泡就表示起種完成。可以在冰箱存放 1 個月。

水果種（乾燥水果）

葡萄乾（沒有經過塗油處理）
………………………………………… 100g
水 …………………………………… 300g

攪拌完成溫度 28℃
發酵溫度 28℃

在容器中放入所有材料攪拌均勻（攪拌完成溫度為 28℃），放入 28℃的發酵箱，每隔 12 小時攪拌 1 次。

出現小氣泡就表示起種完成。可以在冰箱存放 1 個月。

使用水果種（新鮮水果）製作的

黑麥麵包

不使用裸麥酸種，而是將小麥和源自水果的發酵種菌混合在一起，

所以會產生裸麥原本的香味，同時還能品嘗到小麥的美味，是一款酸味微弱的麵包。

推薦和熟成起司或是風味濃厚的料理一起搭配享用。

材料　2 個分

□ Poolish 液種

		烘焙百分比%
高筋麵粉（春之戀）	30g	10
水果種（新鮮水果）P39	30g	10
Total	60g	20

□ 主麵團

		烘焙百分比%
粗磨裸麥全麥麵粉	15g	5
細磨裸麥全麥麵粉	60g	20
中高筋麵粉（TYPE ER）	195g	65
＊麵粉要放入塑膠袋秤重。		
Poolish 液種（上述）	60g	20
海人藻鹽	6g	2
麥芽精（稀釋）	3g	1
＊麥芽精：水＝以 1：1 的比例稀釋。		
水	195g	65
Total	534g	178

手粉（高筋麵粉）…… 適量
粗磨裸麥全麥麵粉（用於表面裝飾）…… 適量

製作流程

Poolish 液種
設定 28℃　發酵 4 ～ 5 小時
↓
主麵團
↓
攪拌
揉成溫度為 24℃
↓
第一次發酵
設定 28℃　1 小時
↓
翻麵
放入冰箱靜置 1 晚
↓
分割／滾圓
2 等分
↓
靜置醒麵時間
在室溫下靜置 10 分鐘
↓
整型
↓
最後發酵
設定 28℃　20 分鐘
↓
烘烤
以 230℃（含蒸氣）烘烤 10 分鐘
→以 250℃（不含蒸氣）烘烤 20 分鐘左右

關鍵

要增添些許小麥的美味，就要讓水果種變成 Poolish 液種。要在發酵力增加、酸味變強之前讓麵團膨脹，所以要使用發酵溫度稍微高一點的 Poolish 液種。迅速膨脹後就會變成溫和的酸味。

□ 製作 Poolish 液種

混合攪拌

在保存容器中放入水果種後再加入麵粉。

以橡皮刮刀攪拌到粉狀感完全消失。

發酵

蓋上蓋子，維持 28℃發酵 4 ～ 5 小時。

→

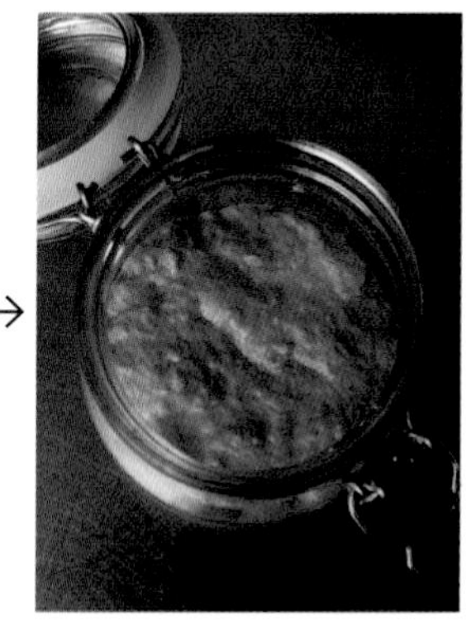

發酵後。

□ 製作主麵團

攪拌

在調理盆中放入適量的水和鹽，以橡皮刮刀攪拌均勻，再加入麥芽精攪拌均勻。

將 Poolish 液種加入調理盆。

搖晃裝有麵粉的塑膠袋，使內容物混勻。

在步驟 **5** 的調理盆中加入步驟 **6** 的麵粉。

→

以橡皮刮刀將調理盆的麵粉從下往上舀，攪拌到粉狀感完全消失。

9

將麵團倒在工作台上。

以切刀將麵團從外側鏟到自己手邊。

11 改變麵團方向。

12 將麵團朝工作台摔打。

揉成溫度 24℃

13 將麵團摺成 2 層。步驟 **10**～**13** 的動作共做 3 組，每組做 6 次。

第一次發酵

14 將麵團放入容器後蓋上蓋子，維持 28℃發酵 1 小時。

發酵後。

翻麵

15 將切刀插入容器內側邊緣，鏟起麵團。

16 將麵團往中央摺疊。

17 另一邊的麵團也同樣往中央摺疊。

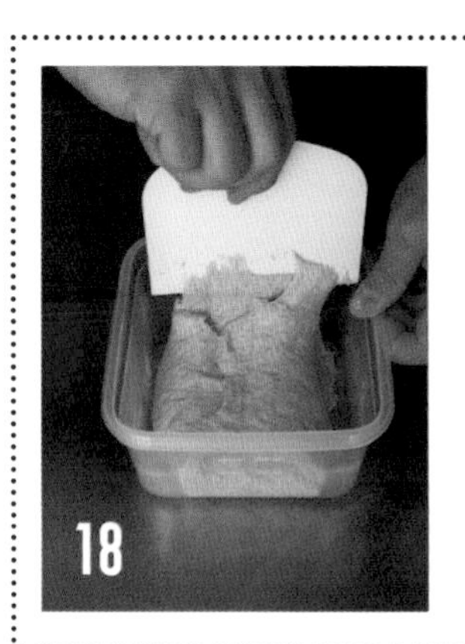

18 剩下的兩邊也同樣往中央摺疊。

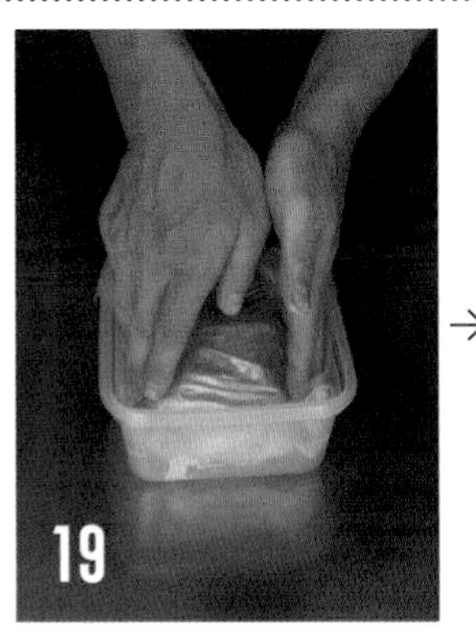

19 用塑膠袋緊緊蓋住麵團。蓋上蓋子後放入冰箱靜置 1 晚。

發酵後。

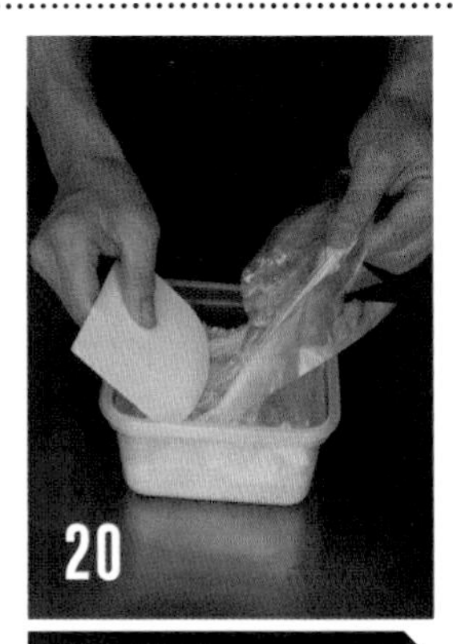

分割／滾圓

20 輕輕將塑膠袋剝除。

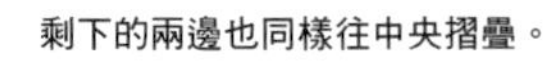

將手粉輕輕撒在工作台和麵團上。

將切刀插入容器四側邊緣，將容器倒過來，把麵團倒在工作台上。

以切刀將麵團切成兩半，秤重調整成相同重量。

雙手交叉，右手捏起麵團左下角，左手捏起麵團右下角。

交叉的雙手恢復原位，扭轉麵團。

將下方麵團往上方捲。

將麵團封口朝下，另一個麵團也採取同樣步驟。

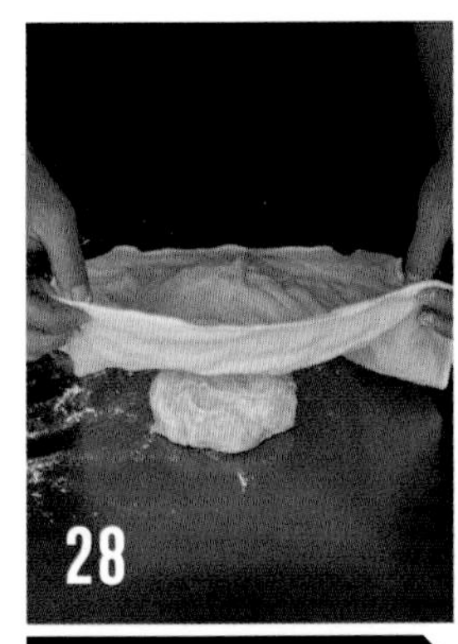

靜置醒麵時間

替麵團蓋上濕布，在室溫下靜置10分鐘。

整型

在工作台撒上較多手粉，將麵團翻面放在工作台上。

以手輕輕將麵團推展成四角形，將麵團右下角往中央摺疊。

將麵團左下角往中央摺疊。

將下方麵團往中央摺疊。

麵團右上角和左下角都同步驟 **30～31**，往中央摺疊。

用拇指按壓麵團中央，將麵團往自己方向摺成 2 層。

以右手掌根按壓麵團封口。

在工作台撒上大量手粉，滾動麵團，使麵團沾滿手粉。

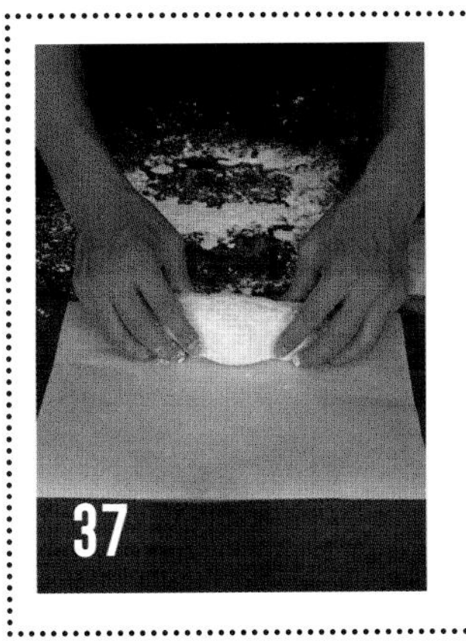

將麵團封口朝下放在烤盤紙上。另一個麵團也採取同樣步驟。

最後發酵

維持 28℃發酵 20 分鐘。

→

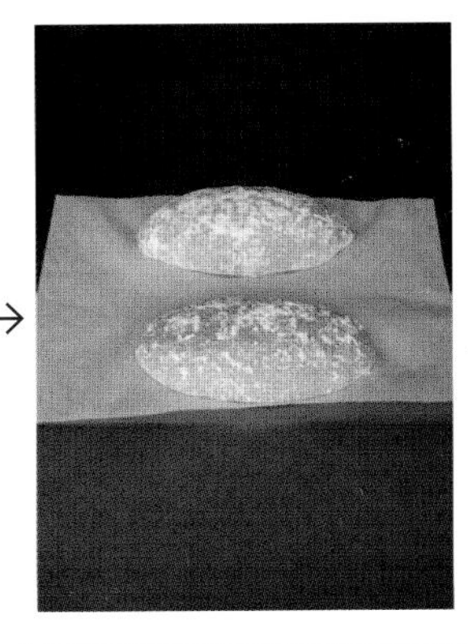

發酵後。

烘烤

以茶葉濾網撒上麵粉（粗磨裸麥全麥麵粉）。

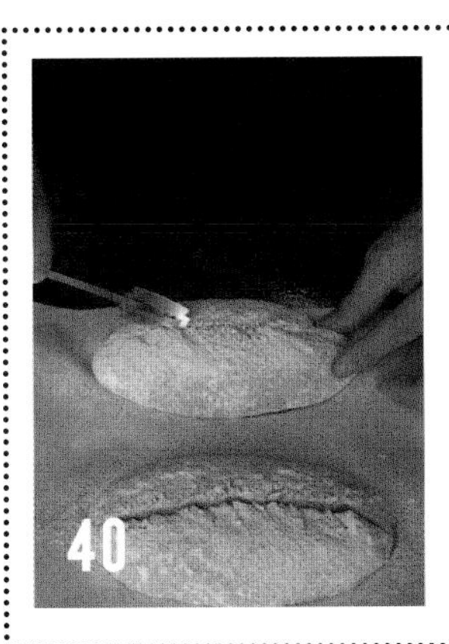

以割紋刀分別在 2 個麵團的中間劃出一條直線紋路。

將烤箱預熱至 250℃，以木板將麵團連同烤盤紙一起放入烤盤。

在烤箱內側噴 5 次水。設定溫度為 230℃（含蒸氣）烘烤 10 分鐘，接著改變麵團方向，設定溫度為 250℃（不含蒸氣）再烘烤 20 分鐘左右。

使用水果種（乾燥水果）製作的

綜合果仁麵包

這款麵包的研發目的是要展現小麥、裸麥、蜂蜜、牛奶和水果等所有材料的味道。

以溫和的酸味搭配肉桂和丁香的點綴，使麵團增加整體感。

攪拌揉捏麵團後，就讓麵團慢慢發酵吧。

材料　長型磅蛋糕烤模 2 個

		烘焙百分比％
中高筋麵粉（TYPE ER）	240g	80
全麥麵粉	30g	10
粗磨裸麥全麥麵粉	30g	10

＊麵粉要放入塑膠袋秤重。

水果種（乾燥水果）P39	30g	10

A

海人藻鹽	6g	2
蜂蜜	30g	10
牛奶	30g	10
紅酒醬汁	120g	40

＊在鍋子中倒入 200g 的紅酒，開火加熱使酒精蒸發。熬煮出來的醬汁大約 160g。

水	75g	25

肉桂粉	0.9g	0.3
碎杏仁粒	30g	10
杏仁果	30g	10
醃漬果乾	120g	40

＊在保存容器中放入 100g 的有機葡萄乾、100g 的土耳其蘇坦娜葡萄乾、50g 的蘋果乾、50g 的白蘭地、6 顆丁香粒，醃漬 2 天以上。

Total	771.9g	257.3

手粉（中高筋麵粉）	適量

製作流程

攪拌

↓ 揉成溫度 23℃

第一次發酵

↓ 設定 18℃　15 小時

分割、整型

↓ 外皮麵團和主體麵團各分成 2 等分

最後發酵

↓ 在室溫下靜置 5 ～ 10 分鐘

烘烤

以 230℃（含蒸氣）烘烤 10 分鐘
→以 250℃（不含蒸氣）烘烤 15 分鐘

關鍵

因為使用水果種的液體，所以麵團膨脹耗時。為了使小麥和裸麥慢慢產生變化、改變味道，必須在陰暗處進行第一次發酵。長時間的第一次發酵結束後，麵團會過於鬆弛，容易碎裂，但只要使用長型磅蛋糕烤模就可以避免這種問題。

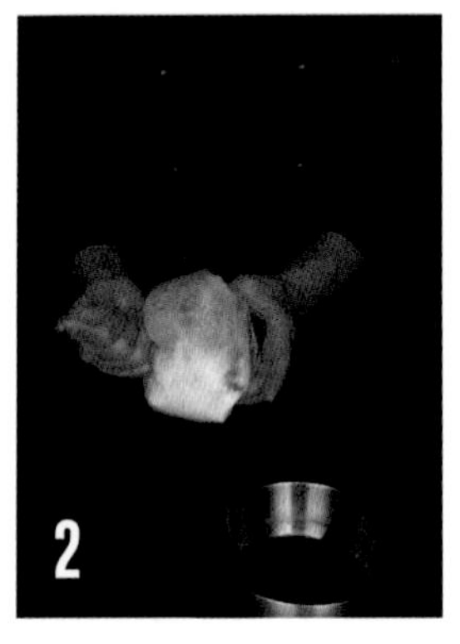

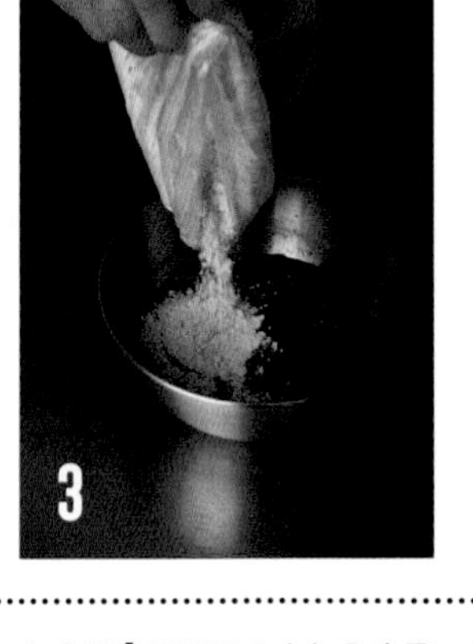

攪拌

在調理盆中放入材料 A 和水，以橡皮刮刀攪拌均勻，再加入水果種攪拌均勻。

將肉桂粉倒入裝有麵粉的塑膠袋中，搖晃塑膠袋使內容物充分混勻。

在步驟 **1** 的調理盆中加入步驟 **2** 的粉類。

加入碎杏仁粒。

以橡皮刮刀將調理盆的麵粉從下往上舀，攪拌到粉狀感完全消失。

將調理盆中的麵團秤重，取出 180g 的外皮麵團放在容器中。

揉成溫度 23℃

以橡皮刮刀抹平步驟 **6** 的麵團表面。

第一次發酵（外皮麵團）

蓋上蓋子，維持 18℃發酵 15 小時。開始發酵後馬上進行步驟 **9**。

發酵後。

將杏仁果加入步驟 **6** 調理盆中剩下的主體麵團內。

加入醃漬果乾。

以橡皮刮刀攪拌均勻。

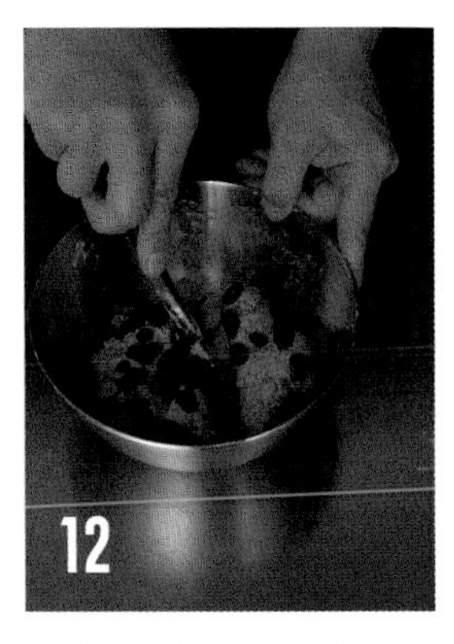

將麵團切成兩半。

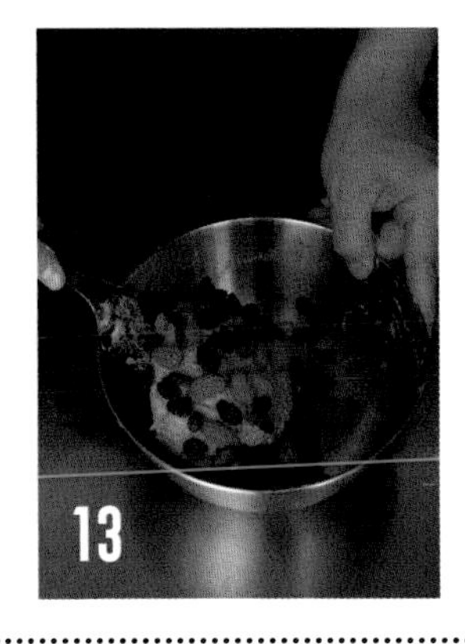

將 2 個麵團重疊。

反覆進行 8 次步驟 **12～13** 的動作。

揉成溫度 23℃

將麵團裝入另一個容器，以橡皮刮刀抹平麵團表面。

第一次發酵（主體麵團）

蓋上蓋子，維持 18℃發酵 15 小時。

→

發酵後。

分割、整型

在工作台撒上大量手粉。

外皮麵團表面也撒上大量手粉。

將切刀插入容器四側邊緣。

將容器倒過來，把外皮麵團倒在工作台上。

以切刀將外皮麵團切成兩半，秤重調整成相同重量。

在工作台和主體麵團再次撒上大量手粉。

將切刀插入容器四側邊緣。

將容器倒過來，把主體麵團倒在工作台上。

以切刀將主體麵團切成兩半，秤重調整成相同重量。

將主體麵團橫擺。

輕輕地將麵團從下方往上方捲。

將麵團封口朝下，另一個主體麵團也以同樣方式捲起。

在外皮麵團撒上大量手粉。

以手輕壓麵團，並將麵團推展成邊長大約 15cm 的正方形。

使用噴霧器噴溼外皮麵團的表面。

拍掉步驟 **28** 的主體麵團的麵粉。

將步驟 **31** 的外皮麵團移到手邊，用外皮麵團包住主體麵團並捲起。

手指壓住麵團兩端，替麵團封口。

在工作台再次撒上大量手粉，滾動步驟 **34** 的麵團，使麵團沾滿大量手粉，將麵團調整成吻合烤模大小的長度。

將麵團封口朝下放入烤模。另一個麵團也以同樣步驟處理。

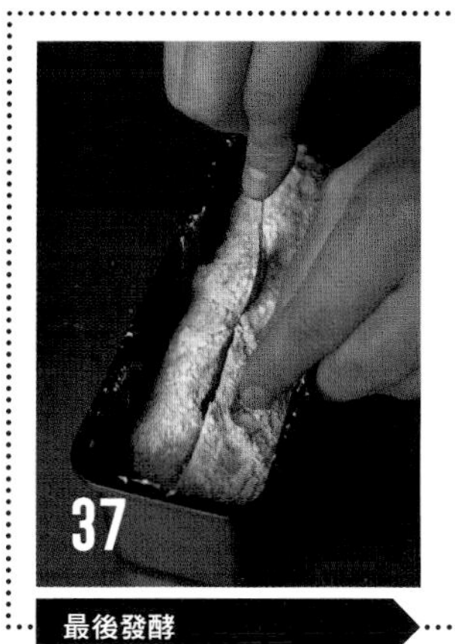

最後發酵

以割紋刀在麵團中間深深劃出一條直線紋路（深約 5 ～ 8mm）。另一個麵團也以同樣步驟處理。在室溫下靜置 5 ～ 10 分鐘。

烘烤

將烤模放入已經預熱至 250℃的烤箱中。

在烤箱內側噴 10 次水。設定溫度為 230℃（含蒸氣）烘烤 10 分鐘，接著改變麵團方向，設定溫度為 250℃（不含蒸氣）再烘烤 15 分鐘。

酒種

是指使用生米、米飯、米麴和水起種製成的酵母。
帶有清酒的酒味，以及微微的甜味和酸味。

〈酒種的環境條件〉

① 屏障

以麴黴菌形成屏障。

② 養分（營養）

麴黴菌會將澱粉糖化產生營養。

③ 溫度

想讓酵母菌居於優勢，所以要設定為略高的溫度（28～35℃）。

④ pH 值（酸鹼值）

不想做出酸性物質，所以不用考慮這點。

⑤ 氧氣

喜歡有氧氣的環境，所以要摻雜氧氣。

⑥ 滲透壓

腐敗菌增殖時，要加入 1～2%的鹽來抑制。

〈酒種的起種方式〉

酒種分為酒粕起種和米麴起種。酒粕起種是在已經增加酵母菌的狀態下培育。米麴起種則是一邊捕捉酵母菌一邊培育。

酒種（酒粕）

	第 1 次	第 2 次
酒粕	50g	－
水	200g	－
米飯	－	50g
前一次的種	－	第 1 次的全部分量

攪拌完成溫度 24℃

發酵溫度 28℃

在容器中放入酒粕和適量的水，以打蛋器攪拌均勻（攪拌完成溫度為 24℃）。放入 28℃的發酵箱，1 天攪拌 3 次。第 1 次結束時，只會慢慢出現少許氣泡（不是小氣泡也沒關係）。

在第 1 次的液體中加入米飯，以打蛋器攪拌均勻（攪拌完成溫度為 24℃）。放入 28℃的發酵箱，1 天攪拌 3 次。第 2 次結束時，米飯會逐漸溶解，慢慢產生小氣泡。這樣就完成了，可以在冰箱存放 1～2 天。

酒種（米麴）

	第 1 次	第 2 次	第 3 次	第 4 次
米	50g	—	—	—
米飯	20g	100g	100g	100g
米麴	50g	40g	20g	20g
前一次的種	—	40g	40g	20g
水	100g	80g	60g	60g

攪拌完成溫度 24℃

發酵溫度 28℃

在容器中放入米、米飯、米麴和適量的水，以打蛋器攪拌均勻（攪拌完成溫度為 24℃）。放入 28℃的發酵箱，1 天攪拌 3 次。第 1 次結束時（約 2 天），會慢慢出現少量氣泡。香味和一開始一樣，沒有變化。

從第 1 次的種的內側取出需要的分量。在另一個容器中放入第 1 次的種、米飯、米麴，和適量的水後，將材料攪拌均勻，放入 28℃的發酵箱，1 天攪拌 3 次。第 2 次結束時（約 2 天），氣泡會比第 1 次多。香味和第 1 次一樣，沒有變化。

從第 2 次的種的內側取出需要的分量。在另一個容器中放入第 2 次的種、米飯、米麴，和適量的水後，將材料攪拌均勻，放入 28℃的發酵箱，1 天攪拌 3 次。第 3 次結束時（約 1 天），會慢慢產生小氣泡。出現酒味。

第 4 次也如同先前的步驟。第 4 次結束時（約 1 天），出現的小氣泡會比第 3 次還要多。可以聞到清酒的酒味。這樣就完成了，可以在冰箱存放 3 ～ 4 天。

使用酒種（酒粕）製作的

麻糬麵包（巧巴達樣式）

這是使用小麥製作，口感類似麻糬的麵包。帶有清酒的美味和風味。

可以將剛烤好的麵包沾上黑蜜黃豆粉或是砂糖醬油來享用。

能夠品嘗到麻糬沒有的發酵風味。

材料 6個分

□ 中種

		烘焙百分比%
高筋麵粉（春之戀）	120g	60
酒種（酒粕）P52	20g	10
水	60g	30
Total	200g	100

□ 主麵團

		烘焙百分比%
高筋麵粉（北方之香 100）	80g	40
中種（上述）	200g	100
海人藻鹽	4g	2
水	120g	60
Total	404g	202

手粉（麵粉）…… 適量

製作流程

中種

攪拌完成溫度為 26℃
維持 30℃，使其發酵到大約 1.5 倍為止
→放入冰箱

↓

主麵團

↓

攪拌

揉成溫度為 25℃

↓

第一次發酵

設定 28℃　15 分鐘

↓

翻麵第 1 次

設定 28℃　15 分鐘

↓

翻麵第 2 次

設定 28℃　15 分鐘

↓

翻麵第 3 次

放入容器　設定 28℃　2 小時

↓

整型

↓

分割

6 等分

↓

烘烤

以 250℃（含蒸氣）烘烤 9 分鐘
→以 250℃（不含蒸氣）烘烤 15 分鐘

關鍵

雖然酒粕發酵力很強，但是因為麴黴菌的澱粉分解酵素會發揮強大作用，所以麵團容易鬆弛。要做出有分量感的麵包時，不能太用力碰觸麵團，而且在麵團慢慢鬆弛時，要以橡皮刮刀進行數次翻麵。

□ 製作中種

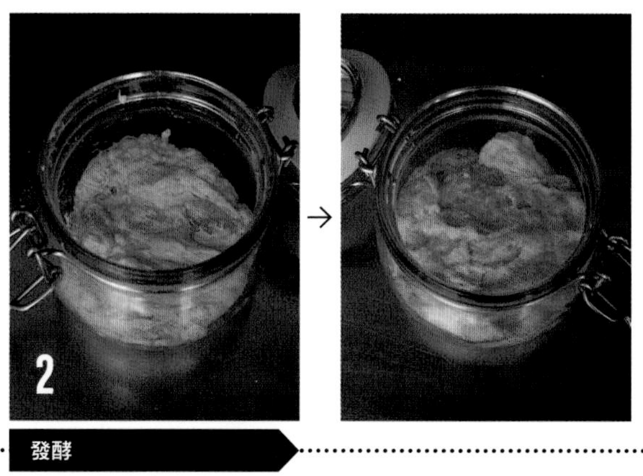

1 混合攪拌 …… 攪拌完成溫度 26℃

在保存容器中放入所有材料，以橡皮刮刀攪拌到粉狀感完全消失。

2 發酵

蓋上蓋子，維持 30℃，使其發酵到 1.5 倍為止。

發酵後。之後就放入冰箱保存。

□ 製作主麵團

3 攪拌

在調理盆中放入水和鹽，以橡皮刮刀攪拌均勻。

4 將中種麵團撕成小塊，再放入調理盆內。

5 加入麵粉。

6 以橡皮刮刀將調理盆的麵粉從下往上舀，攪拌到粉狀感完全消失。

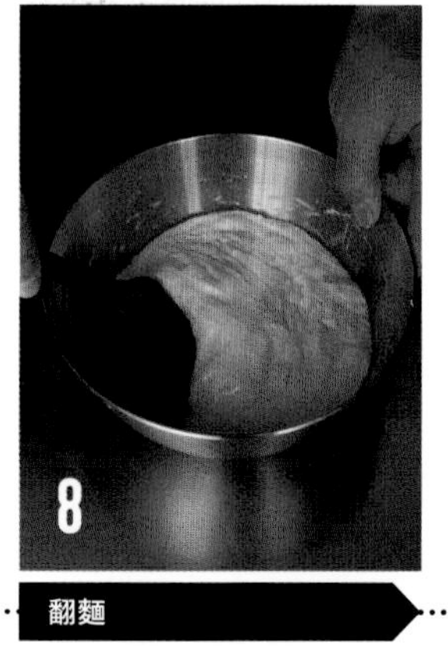

揉成溫度 25℃

7 第一次發酵

維持 28℃發酵 15 分鐘。

發酵後。

8 翻麵

將橡皮刮刀插入麵團中央。

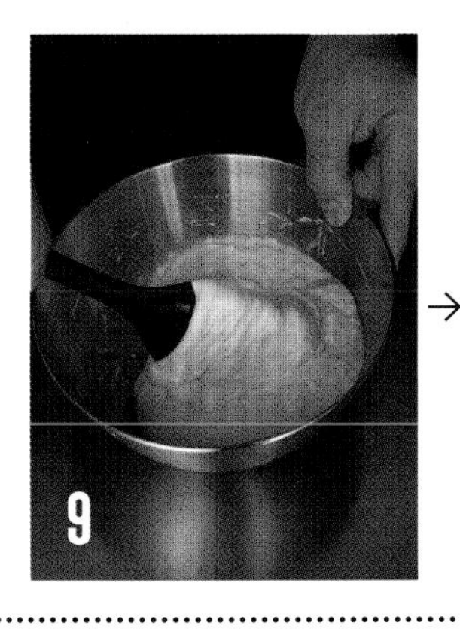

→

→

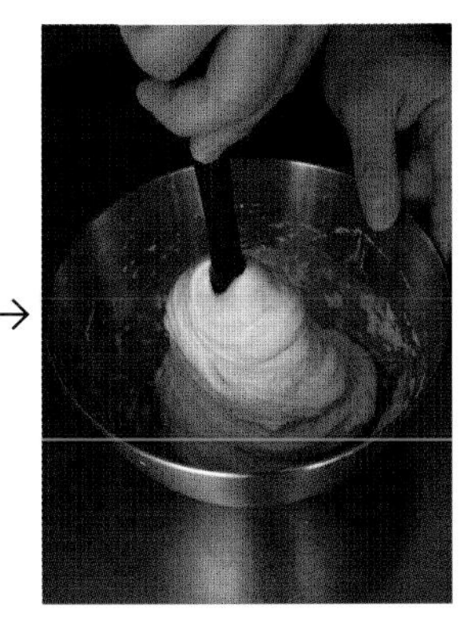

→

→

轉動橡皮刮刀，將麵團一圈一圈捲起。

捲起整個麵團後，以手指輔助，抽出橡皮刮刀。

→

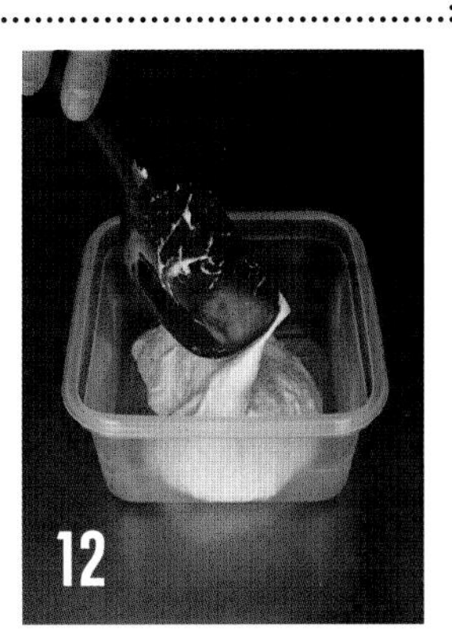

每隔 15 分鐘反覆進行 3 次步驟 **8～10** 的動作。

將麵團放入容器。

→

維持 28℃發酵 2 小時。

發酵後。

整型

在工作台撒上較多手粉。

麵團也撒上較多手粉。

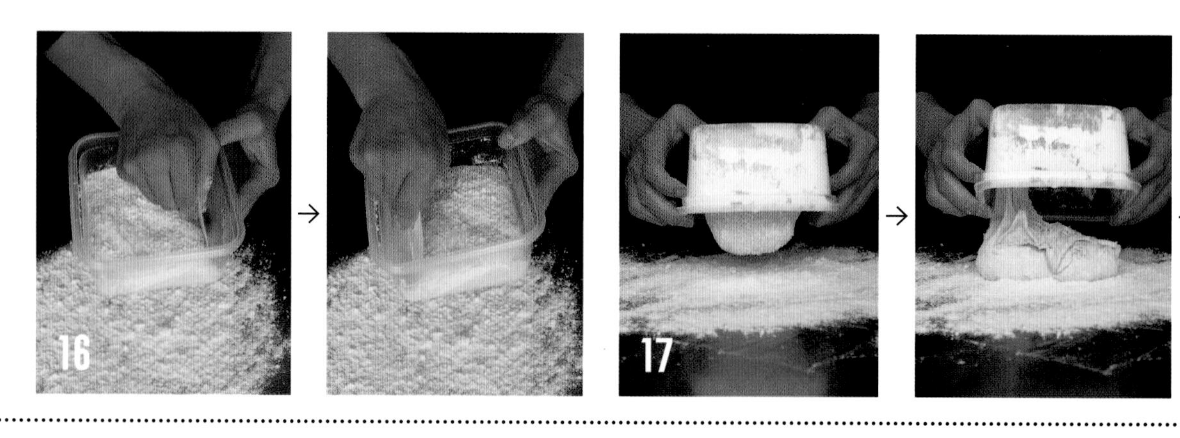

將切刀插入容器四側邊緣。

將容器倒過來，把麵團倒在工作台上。

將麵團從左右往中央摺成 3 層，再將麵團從下方往上方摺疊，摺到上方的⅓處，將麵粉拍掉。

將麵團從上方往下方摺疊。

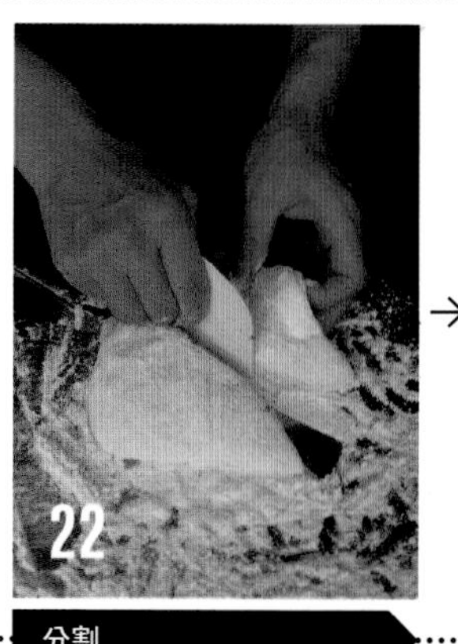

滾動麵團，使麵團沾滿手粉。

將麵團封口朝下放在工作台上。

分割

將麵團推展成邊長大約 15cm 的正方形，以切刀從對角線切開。

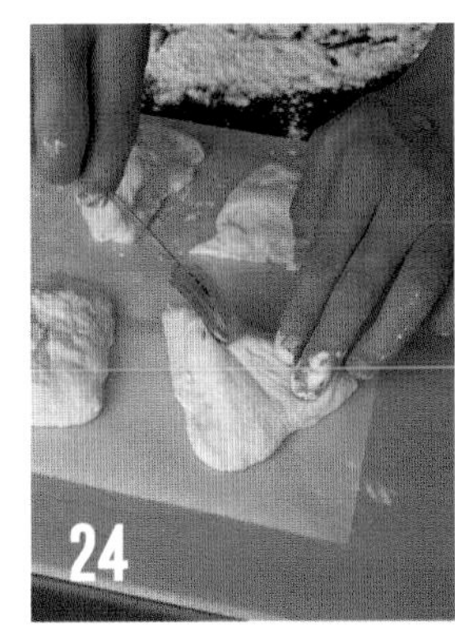

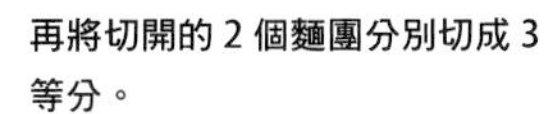

再將切開的 2 個麵團分別切成 3 等分。

烘烤

23 將麵團放在鋪有烤盤紙的木板上。

24 以割紋刀分別在各個麵團中間劃出一條直線紋路。

25 將烤箱預熱至 250℃，以木板將麵團連同烤盤紙一起放入烤盤。

26 在烤箱內側噴 5 次水。設定溫度為 250℃（含蒸氣）烘烤 9 分鐘，接著改變麵團方向，設定溫度為 250℃（不含蒸氣）再烘烤 15 分鐘。

使用酒種（米麴）製作的

蜂蜜奶油麵包

這是蜂蜜搭配鮮奶油、口感爽脆的麵包，會讓人聯想到磅蛋糕的風味。
使用具備強大發酵力，且帶有源自於米的美味和類似甜酒甜味的發酵種。
可以取代平常的點心，和吐司、果醬一起搭配享用。

材料　長型磅蛋糕烤模 2 個

		烘焙百分比%
高筋麵粉（春之戀）	250g	100
酒種（米麴）P53	25g	10
A		
海人藻鹽	5g	2
蜂蜜	37.5g	15
鮮奶油（乳脂肪含量 35%）	100g	40
水	100g	40
奶油（不含食鹽）	25g	10
Total	542.5g	217
手粉（高筋麵粉）	適量	

＊奶油要放至回復室溫。

製作流程

攪拌
揉成溫度為 23℃
↓
第一次發酵
設定 28℃　20 分鐘
↓
翻麵
設定 18℃　8～10 小時
↓
分割／滾圓
2 等分
↓
靜置醒麵時間
在室溫下靜置 10 分鐘
↓
整型
↓
最後發酵
設定 35℃　1～2 小時
↓
烘烤
以 200℃（含蒸氣）烘烤 15 分鐘
→以 200℃（不含蒸氣）烘烤 5 分鐘

關鍵

屬於糖分很高，添加許多鮮奶油的麵團，所以一旦使用發酵力很高的酒種，就能做出濕潤、鬆軟的麵包。麵筋骨架很脆弱，所以進行分割／滾圓時，要反覆揉捏使麵團堅韌結實。

攪拌

在調理盆中放入材料 A，以橡皮刮刀攪拌後再加入酒種。

加入麵粉。

以橡皮刮刀將調理盆的麵粉從下往上舀，攪拌到粉狀感完全消失。

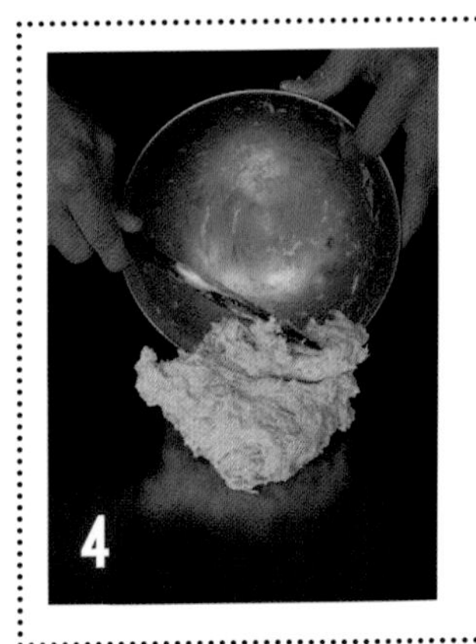

將麵團倒在工作台上。

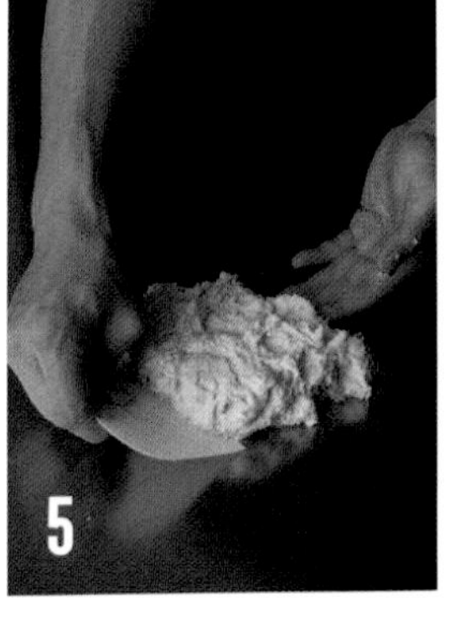

以切刀將麵團從外側鏟到自己手邊。

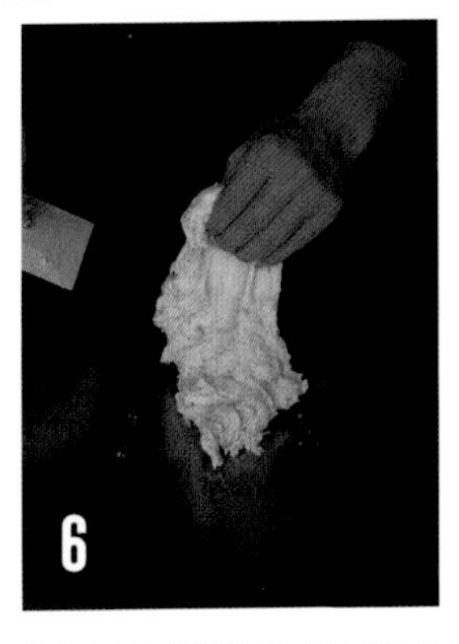

改變麵團方向，將麵團朝工作台摔打。

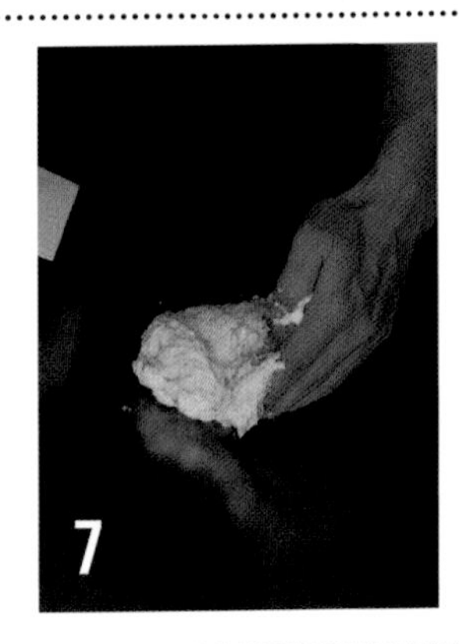

將麵團摺成 2 層。步驟 **5～7** 的動作共做 4 組，每組做 6 次。

將奶油切碎，鋪在麵團上面，以手將奶油均勻塗平。

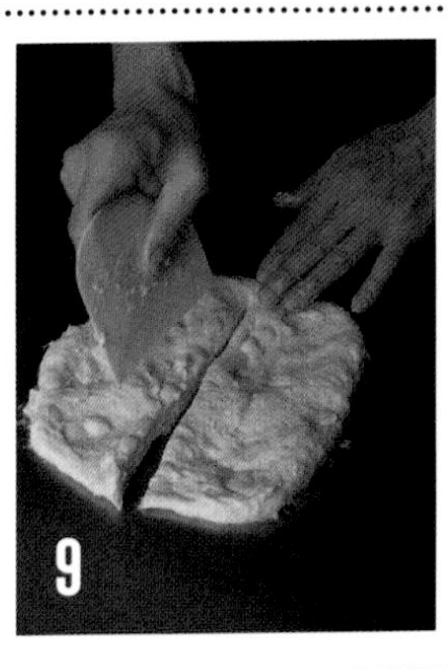

以切刀將麵團切成兩半。

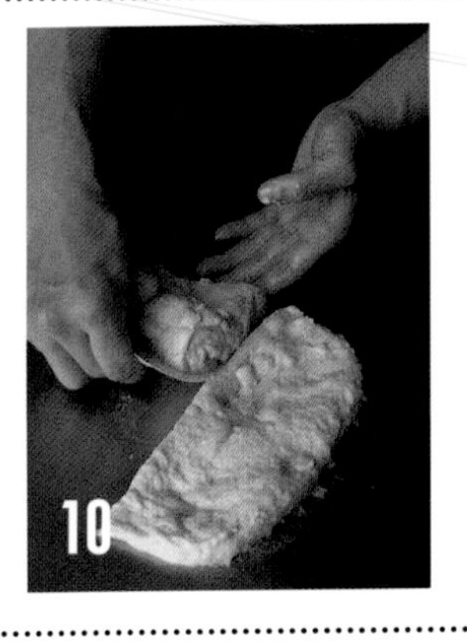

以切刀鏟起其中一個麵團。

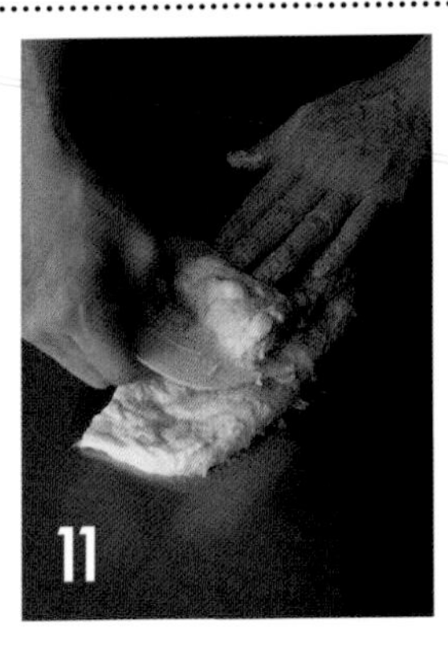

將該麵團疊放在另一個麵團上。

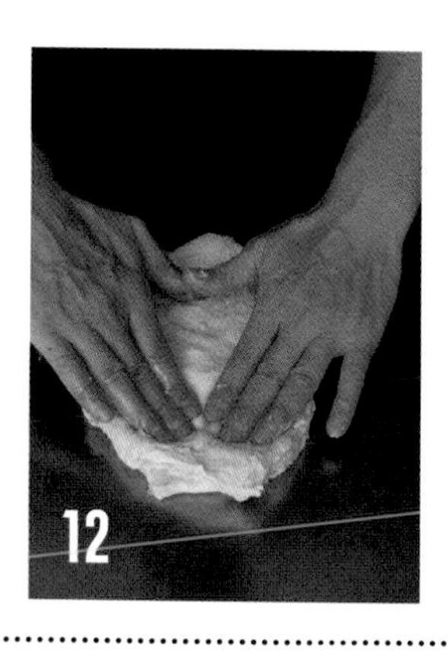

以手按壓麵團。改變麵團方向，反覆進行 8 次步驟 **9**～**12** 的動作。

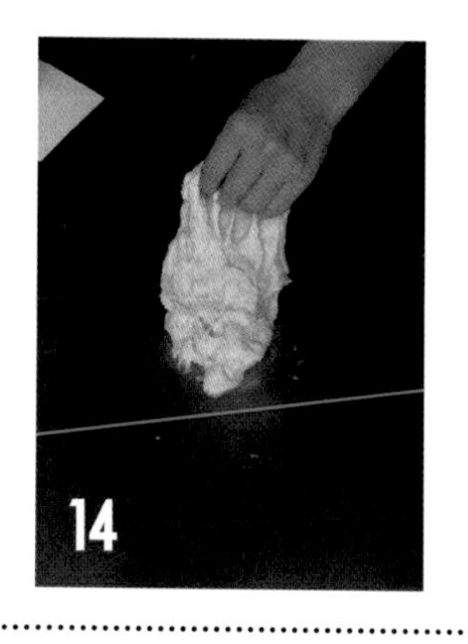

以切刀將麵團從外側鏟到自己手邊。

改變麵團方向，將麵團朝工作台摔打。

將麵團摺成 2 層。

揉成溫度 23℃

步驟 **13**～**15** 的動作共做 3 組，每組動作做 6 次。

第一次發酵

將麵團放入容器中，蓋上蓋子，維持 28℃發酵 20 分鐘。

→

發酵後。

翻麵

將容器傾斜拿著，將橡皮刮刀從容器角落插入麵團中央。

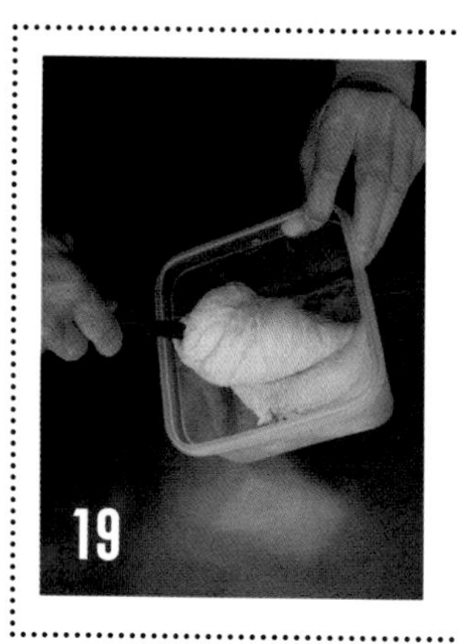

轉動橡皮刮刀，將麵團一圈一圈捲起。

捲起整個麵團後，以手指輔助，抽出橡皮刮刀。

蓋上蓋子，維持 18℃發酵 8～10 小時。

→

發酵後。

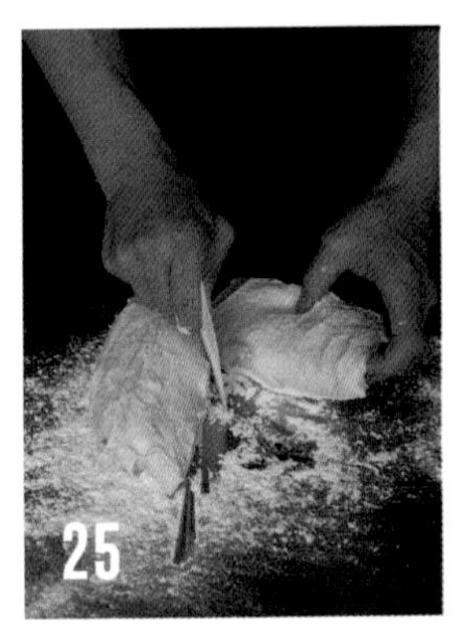

分割／滾圓

在工作台和麵團表面撒上較多手粉。

將切刀插入容器四側邊緣。

將容器倒過來，把麵團倒在工作台上。

以切刀將麵團切成兩半，秤重調整成相同重量。

雙手交叉，右手捏起麵團左下角，左手捏起麵團右下角。

交叉的雙手恢復原位，扭轉麵團。

將下方麵團往上方捲，將麵團封口朝上。

改變麵團方向，再次進行步驟**26～28**的動作。

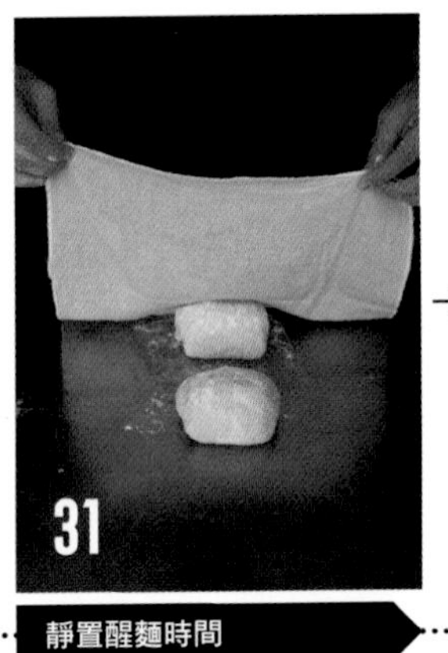

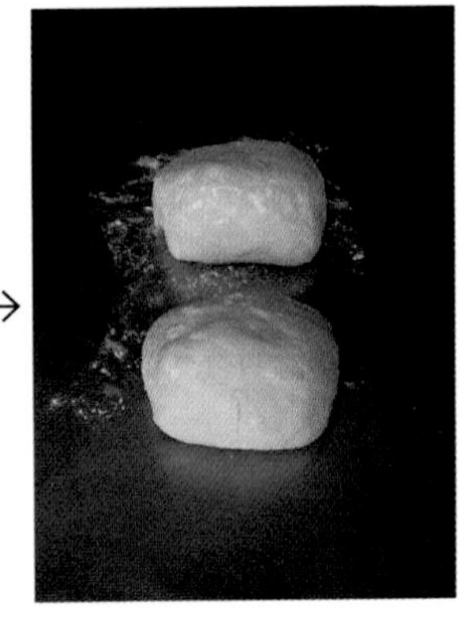

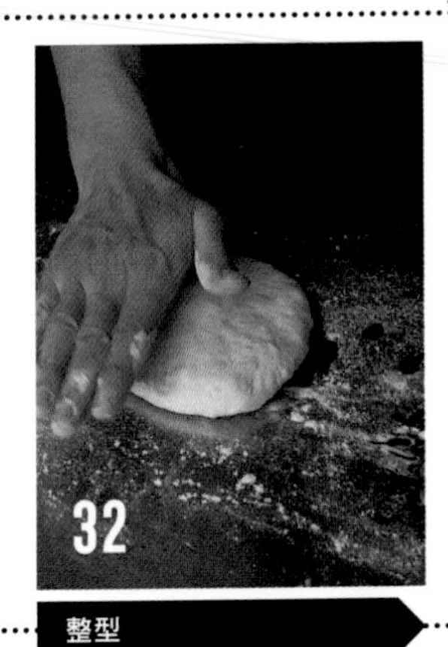

將麵團封口朝下。另一個麵團也採取同樣步驟。

靜置醒麵時間

替麵團蓋上濕布，在室溫下靜置10分鐘。

靜置醒麵時間結束後。

整型

在工作台撒上手粉，將麵團封口朝上放在工作台上。以手掌壓扁大的氣泡，並將麵團推展成邊長大約12cm的正方形。

將麵團從下方往上方摺疊，摺到上方的⅓處。

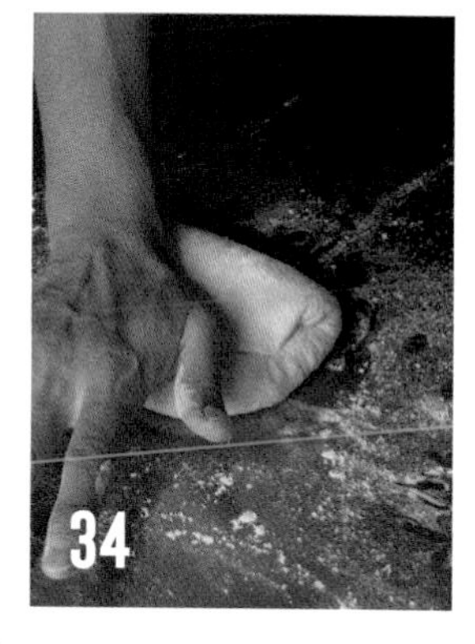

以手掌根部按壓麵團摺疊處。

將麵團從上方往下方摺疊。

以手掌根部按壓麵團摺疊處。

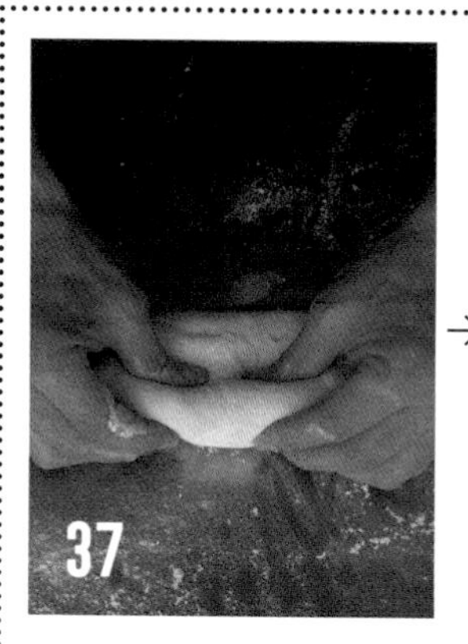

→

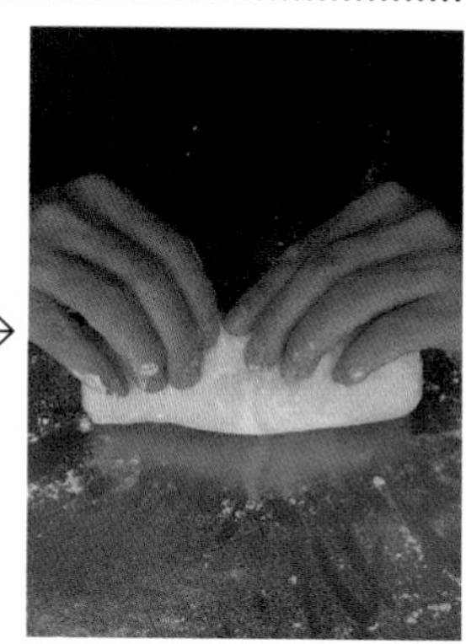

將麵團從上方往下方摺成 2 層。

以手掌根部按壓麵團摺疊處。

在工作台滾動麵團，將麵團滾成長 20cm 的長條形。

將麵團封口朝下，放入烤模中。另一個麵團也採取同樣步驟。

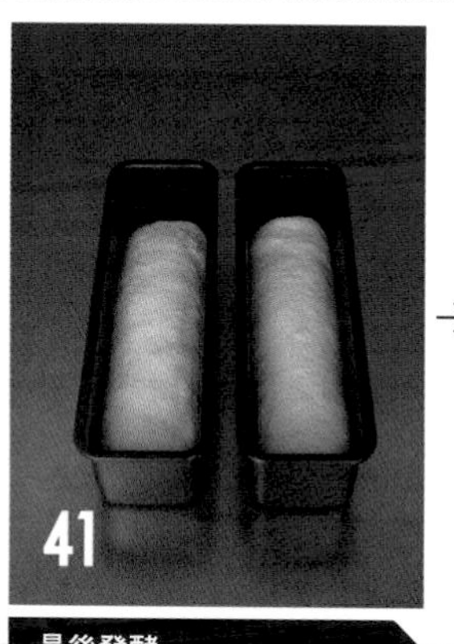

最後發酵

維持 35℃發酵 1 ～ 2 小時。

→

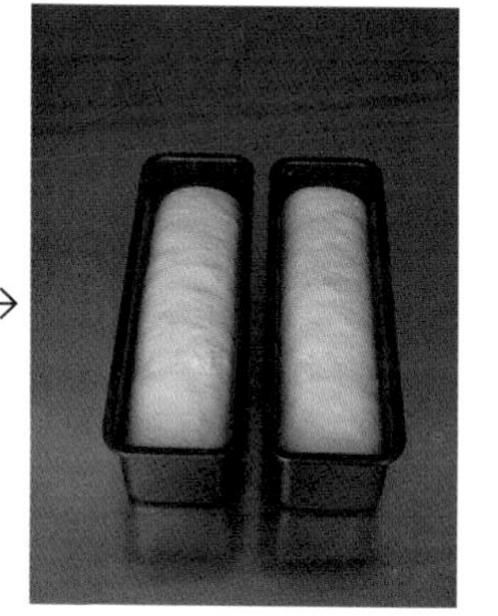

發酵後。

烘烤

將烤模放入已經預熱至 200℃的烤箱中，設定溫度為 200℃（不含蒸氣）烘烤 15 分鐘，接著改變麵團方向，設定溫度為 200℃（不含蒸氣）再烘烤 5 分鐘。

優格種

是指在優格中加入水，或視情況加入全麥麵粉起種製成的酵母。
這個發酵種的特徵是可以感受到優格溫和的酸味，而且發酵力強大。

〈優格種的環境條件〉

① 屏障

酵母菌很少，但是乳酸菌很多，所以能形成乳酸菌屏障。

② 養分（營養）

要添加少量乳酸菌和酵母菌容易吃的砂糖。

③ 溫度

形成乳酸菌屏障時，酵母菌也會增加，所以要設定為略高的溫度（28～35℃）。

④ pH 值（酸鹼值）

優格是從略微強勁的酸性開始起種，所以要稀釋成弱酸性。

⑤ 氧氣

靠近容器底部的乳酸菌數量很多。不需要氧氣。要避免空氣中的其他菌種在表面繁殖，這點要特別注意。

⑥ 滲透壓

腐敗菌增殖時，要加入 1～2%的鹽來抑制。

〈優格種的起種方式〉

優格種（不含麵粉）

優格（原味）………………… 150g
蜂蜜……………………………… 15g
水………………………………… 150g

攪拌完成溫度 28℃
發酵溫度 28℃

在容器中放入所有材料攪拌均匀（攪拌完成溫度為 28℃），放入 28℃的發酵箱，每隔 12 小時攪拌 1 次。

出現小氣泡，pH 值變成 4（優格中的蛋白質凝固）之後就完成了。可以在冰箱存放 3 ～ 4 天。

優格種（含麵粉）

優格（原味）………………… 100g
蜂蜜……………………………… 10g
水………………………………… 100g
全麥麵粉……………………… 100g

攪拌完成溫度 28℃
發酵溫度 30℃

在容器中放入優格、蜂蜜和適量的水，以打蛋器攪拌均勻。加入全麥麵粉後再攪拌均勻（攪拌完成溫度為 28℃），放入 30℃的發酵箱，每隔 12 小時攪拌 1 次。

1 ～ 2 天後會產生小氣泡，pH 值變成 4（優格中的蛋白質凝固）之後就完成了。可以在冰箱存放 1 週左右。

使用優格種（含麵粉）製作的

發酵糕點

使用一般糕點難以處理、帶有酸味的發酵種來製作，是能存放的和風發酵糕點。

非常適合和濃茶或濃縮咖啡等飲料一起享用。

糕點內餡分量十足，外皮則是像餅乾一樣的酥脆口感，非常有趣。

材料 1個分

□ 中種

		烘焙百分比%
中高筋麵粉（TYPE ER）	25g	25
抹茶	5g	5
優格種（含麵粉）P67	60g	60
奶油（不含食鹽）	10g	10
Total	100g	100

□ 主麵團

		烘焙百分比%
高筋麵粉（春豐 Blend） ＊麵粉要放入塑膠袋秤重。	70g	70
中種（上述）	100g	100
A		
海人藻鹽	0.5g	0.5
黍砂糖	30g	30
發酵奶油（不含食鹽）	45g	45
醬煮黑豆（市售）	80g	80
白芝麻	10g	10
Total	335.5g	335.5

手粉（高筋麵粉）……適量

製作流程

中種

攪拌完成溫度為 24℃
設定 30℃　發酵 90 分鐘
→放入冷凍庫靜置 1 晚

↓

主麵團

↓

攪拌

↓

分割、整型

↓

最後發酵

在室溫下靜置 5 ～ 10 分鐘

↓

烘烤

以 190℃烘烤 50 分鐘→放入冷凍庫

關鍵

加入大量酸味明顯的優格種。烘烤完成時的pH 值為酸性，所以不容易發霉，屬於能夠存放的糕點。為了避免黑豆燒焦，要用外皮麵團裹住主體麵團。

□ 製作中種

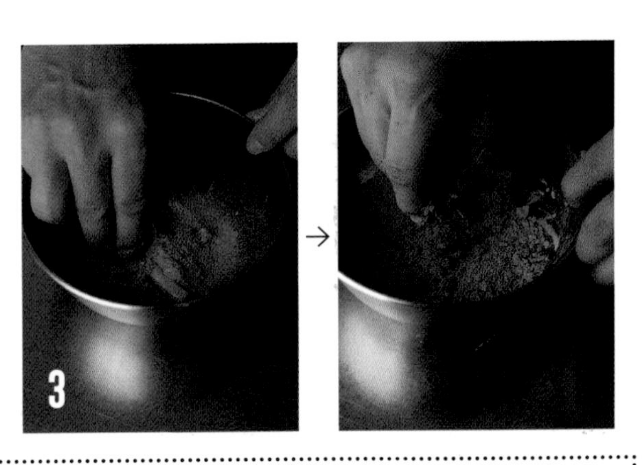

混合攪拌

將抹茶粉倒入裝有麵粉的塑膠袋中。

搖晃塑膠袋，使麵粉和抹茶粉充分混勻。

在調理盆中放入奶油和步驟 **2** 的材料，以手指將奶油壓碎，並攪拌到粉狀感完全消失。

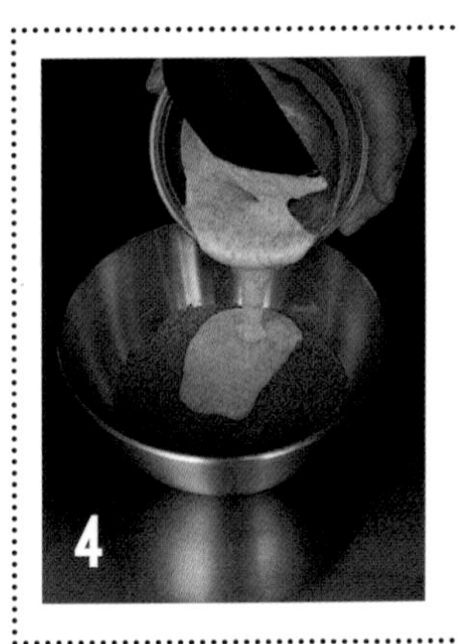

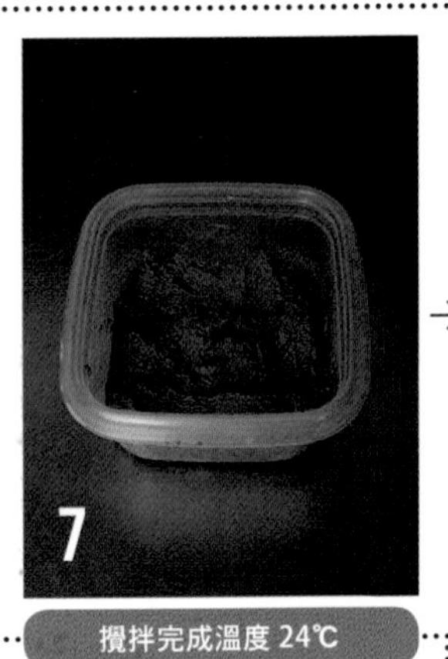

在調理盆中加入優格種。

以橡皮刮刀攪拌均勻。

放入容器內，將麵團表面弄平整。

攪拌完成溫度 24℃

蓋上蓋子，維持 30℃發酵 90 分鐘。發酵後放入冰箱靜置 1 晚。

□ 製作主麵團

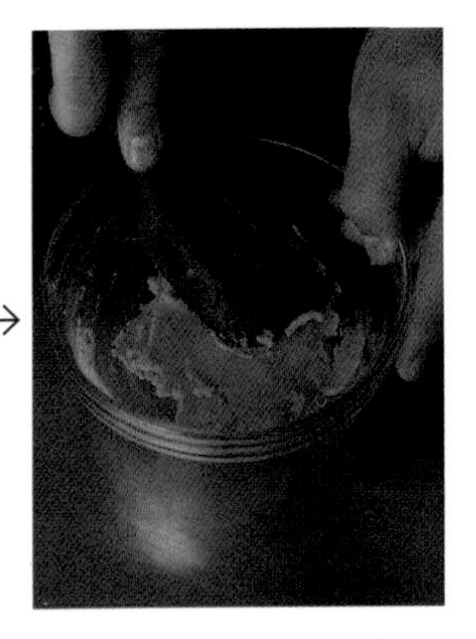

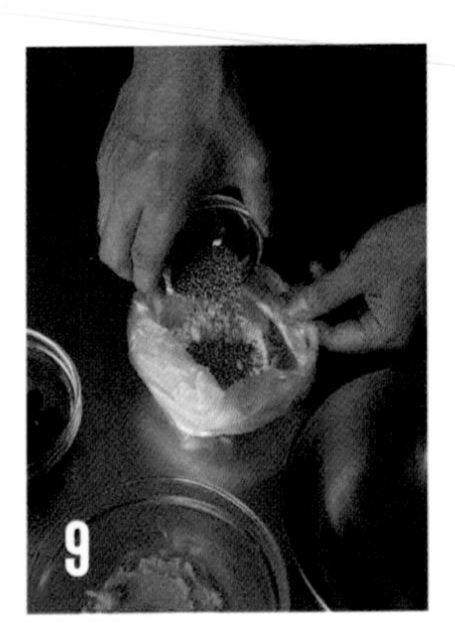

發酵後。

攪拌

在調理盆中放入材料 A，以橡皮刮刀攪拌到所有材料都融合在一起。在冰箱放置 1 ～ 2 小時，使麵團冷卻。

將白芝麻倒入裝有麵粉的塑膠袋中。

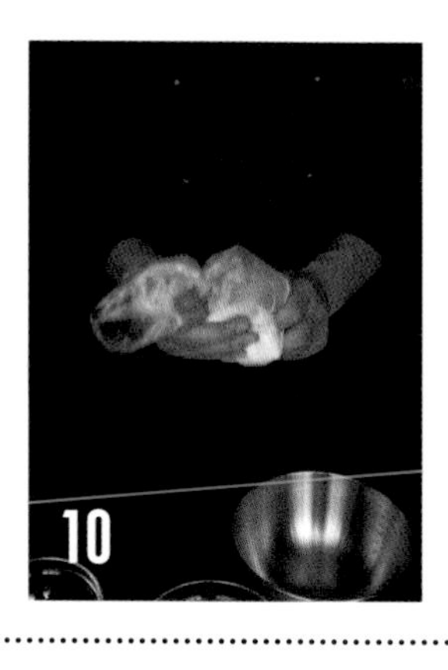

搖晃塑膠袋，使內容物充分混勻。

在另一個調理盆中放入步驟 **10** 的材料，將中種麵團切成小塊後，放入調理盆中。

以手指一邊搓揉麵團，一邊攪拌麵粉和中種麵團，攪拌到看不出有白色粉末。

將步驟 **8** 的材料切成小塊後，放入調理盆中。

以手指搓揉麵團，並攪拌到粉狀感完全消失。

以切刀將麵團鏟到工作台上。

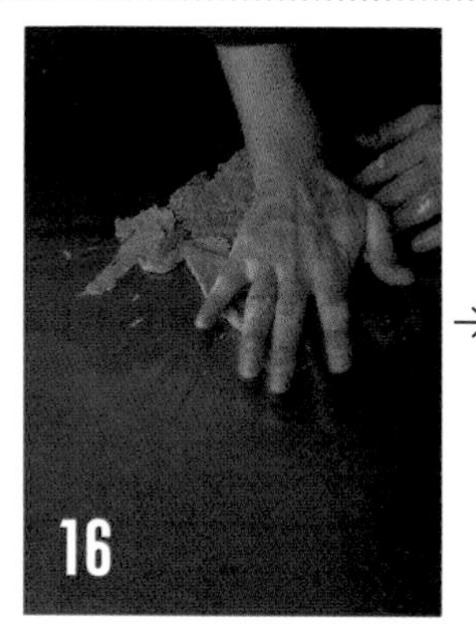

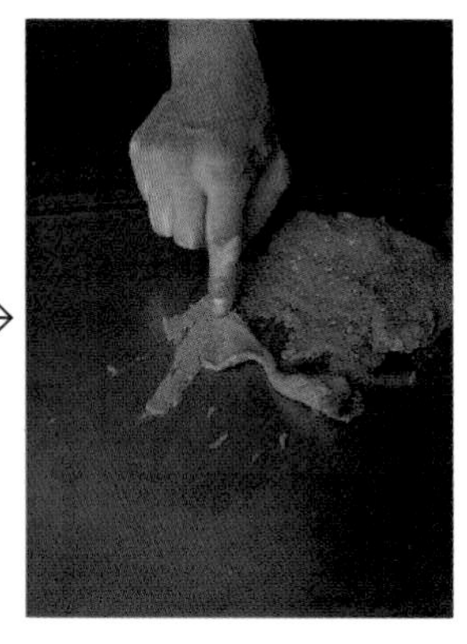

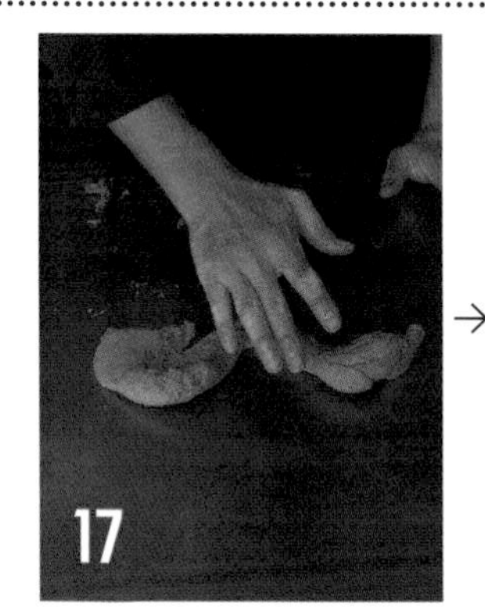

以手掌根部慢慢搓揉麵團，讓麵團附著在工作台上，使麵團達到有點發白且光滑的程度。

等全部的麵團都有點發白、光滑，並自然捲起時就完成了。

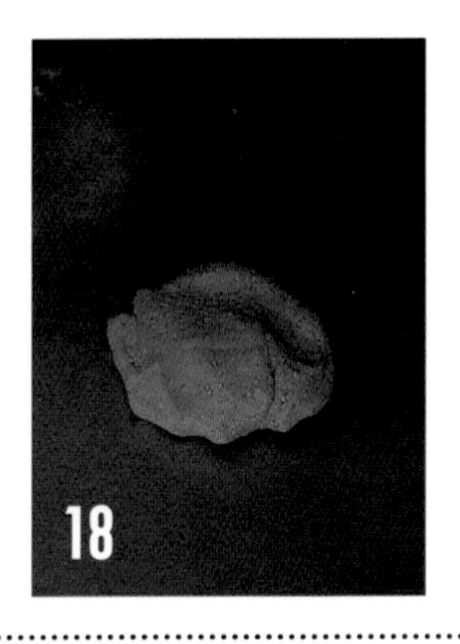

將麵團集中成一整塊。

分割、整型

以切刀切下 1 塊外皮麵團，重量為 100 g。

將外皮麵團推展成約 12 ×10cm 的大小。

將麵團放在切刀上，放入冰箱 5 ～ 10 分鐘，使麵團冷卻。

在步驟 **19** 中剩下的主體麵團上鋪滿黑豆，以拇指和食指將麵團捏成兩半。

將兩片麵團重疊。

輕輕按壓麵團。

改變麵團方向，反覆進行 8 次步驟 **22** ～ **24** 的動作。

在工作台滾動麵團，將麵團滾成長 12cm 的圓筒形。

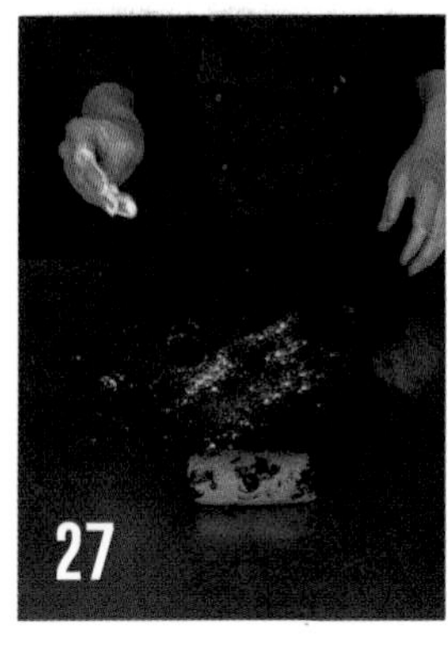

在工作台輕輕撒上手粉。

從冰箱取出步驟 **21** 的外皮麵團，放在工作台上。

以擀麵棍將麵團推展成大約 12×15cm 的大小。

放上步驟 **26** 的主體麵團。

將麵團從下方往上方捲，2 個麵團中間盡量不要有空隙。

→

以手指壓住麵團兩端並封口。

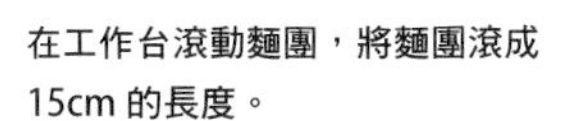

在工作台滾動麵團，將麵團滾成 15cm 的長度。

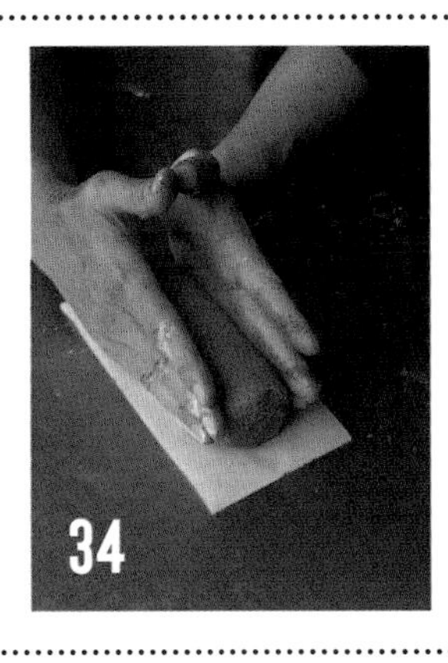

將麵團封口朝下放在烤盤紙上。

最後發酵

將麵團連同烤盤紙放在烤盤上，在室溫下靜置 5 ～ 10 分鐘，使麵團發酵。

烘烤

將烤盤放入已經預熱至 190℃的烤箱中，設定溫度為 190℃烘烤 50 分鐘。烘烤完成後，立刻放入冰箱冷凍庫使其冷卻凝固。放入冷凍庫存放時，請以保鮮膜包住。保存期限大約 1 個月。要吃時先放在冰箱解凍 2 ～ 3 小時，之後再以菜刀切分。

使用優格種（含麵粉）製作的

庫克洛夫

使用優格種製作，所以能品嘗到與蛋糕或甜麵包不同的風味。

請盡情享受這種小麥和牛奶各別經過乳酸發酵後所產生的酸味和風味。

材料　直徑 12 cm 的庫克洛夫烤模 2 個

		烘焙百分比%
高筋麵粉（春豐 Blend）	180g	100
優格種（含麵粉）P67	60g	33
A		
海人藻鹽	3g	1.6
楓糖漿	40g	22
蛋黃	40g	22
蛋白	20g	11
馬斯卡彭起司	40g	22
牛奶	40g	22
發酵奶油（不含食鹽） ＊奶油要放至回復室溫。	100g	55
糖漬栗子 ＊要將糖漬栗子搗碎。	40g	22
美國山核桃（烘焙過的）	20g	11
Total	583g	321.6

可可粉 …… 5g
手粉（高筋麵粉）…… 適量
糖漿（裝飾用）…… 適量
＊鍋裡的水：黍砂糖＝以 1：1.13 的比例加熱融化。

製作流程

攪拌
揉成溫度為 23℃
↓
第一次發酵
設定 18℃　15 小時
↓
分割、整型
2 等分
↓
最後發酵
設定 35℃　90 分鐘
↓
烘烤
以 190℃烘烤 30 分鐘

關鍵

雖然跟蛋糕的材料調配很類似，但因為油脂量很多，所以不容易膨脹。由於使用陶製的庫克洛夫烤模，熱空氣會慢慢進入小氣泡，所以不要讓麵團快速凝固，要使麵團在烤箱裡慢慢膨脹變大。

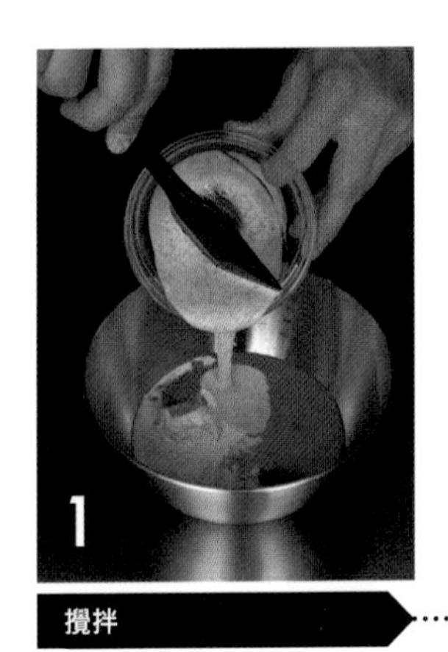

攪拌

在調理盆中放入材料 A，再加入優格種。

以橡皮刮刀攪拌均勻後，加入麵粉。

以橡皮刮刀將調理盆的麵粉從下往上舀，攪拌到粉狀感完全消失。

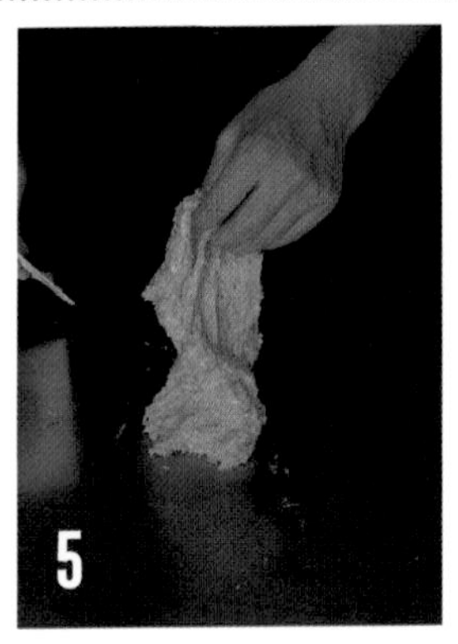

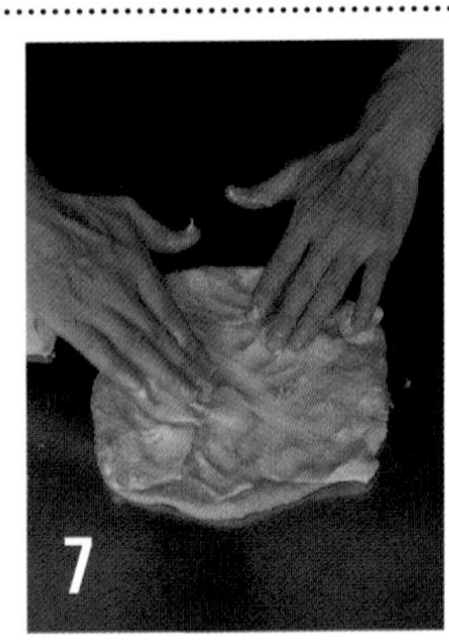

將麵團倒在工作台上，以切刀將麵團從外側鏟到自己手邊。

改變麵團方向，將麵團朝工作台摔打。

將麵團摺成 2 層。步驟 **4** ～ **6** 的動作共做 3 組，每組做 6 次。

將奶油鋪在麵團上面，以手將奶油均勻塗平。

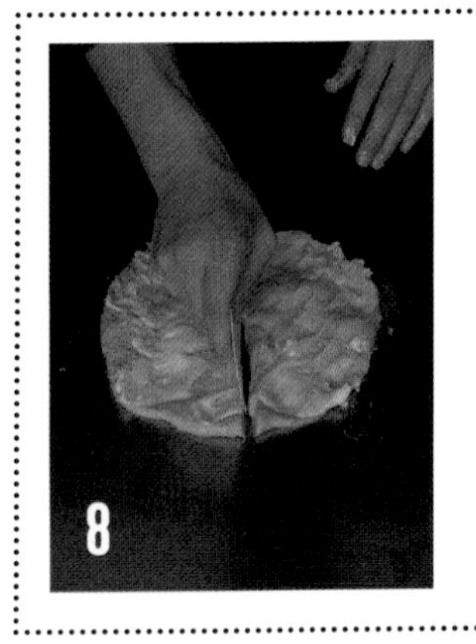

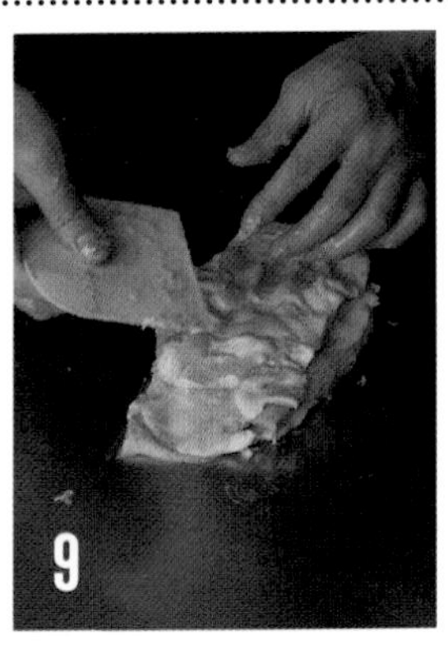

以切刀將麵團切成兩半。

以切刀鏟起其中一個麵團，疊放在另一個麵團上。

以手按壓麵團。

改變麵團方向，反覆進行 8 次步驟 **8** ～ **10** 的動作。

以切刀將麵團從外側鏟到自己手邊。

改變麵團方向，將麵團朝工作台摔打。

將麵團摺成 2 層。步驟 **12～14** 的動作共做 3 組，每組做 6 次。

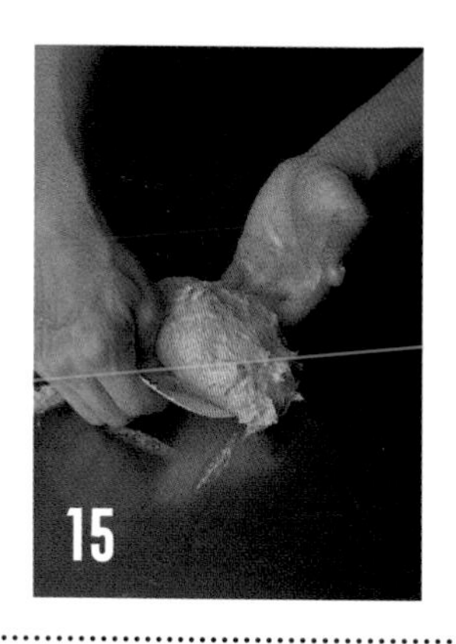

以切刀將麵團從外側鏟到自己手邊，將切刀迅速插進麵團鏟起來。

改變麵團方向，並將麵團筆直地摔到工作台上。

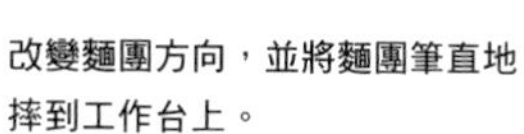

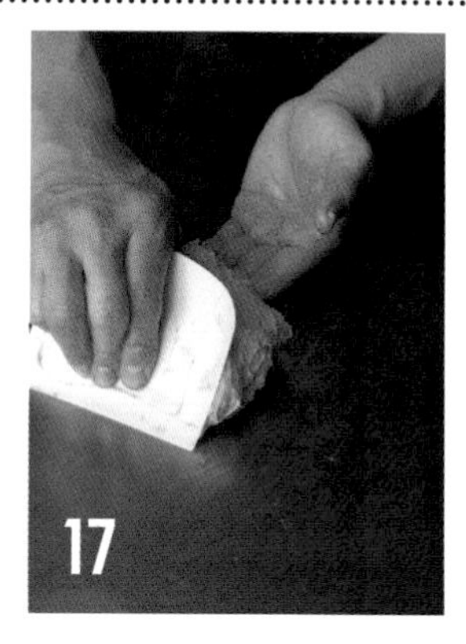

步驟 **15～16** 的動作共做 3 組，每組做 10 次。

以手將美國山核桃弄碎，將麵團放在美國山核桃上。

將糖漬栗子分散擺放在麵團上（比較大顆的栗子必須弄碎）。

以切刀插入麵團，另一手也拿著麵團。

改變麵團方向，並將麵團筆直地摔到工作台上，步驟 **20～21** 的動作共做 2 組，每組做 10 次。

等麵團表面浮現出美國山核桃就表示完成。

以切刀將麵團切成兩半，秤重調整成相同重量。

在其中一個麵團撒上可可粉。

以手來回轉動麵團，使可可粉均勻融入麵團。

以切刀將麵團從外側鏟到自己手邊，將切刀迅速插進麵團鏟起來。

揉成溫度 23℃

直接將麵團筆直地摔在工作台上，進行 10 次步驟 **26**～**27** 的動作。

第一次發酵

將步驟 **27** 的麵團和步驟 **23** 剩下的另一個麵團放入容器中，蓋上蓋子，維持 18℃發酵 15 小時。

發酵後。

分割、整型

在工作台和麵團表面撒上較多手粉。

將切刀插入容器四側邊緣。

將容器倒過來，把麵團倒在工作台上。

以切刀將麵團切成兩半。

將可可粉麵團分別疊放在原味麵團上。

以手掌按壓麵團，將麵團伸展成邊長大約 15 cm 的正方形。

將麵團上的麵粉拍掉，將麵團從下方往上方捲。另一個麵團也以同樣方式往上方捲。

將麵團封口朝上，以手按壓麵團。

雙手交叉，右手捏起麵團左下角，左手捏起麵團右下角。

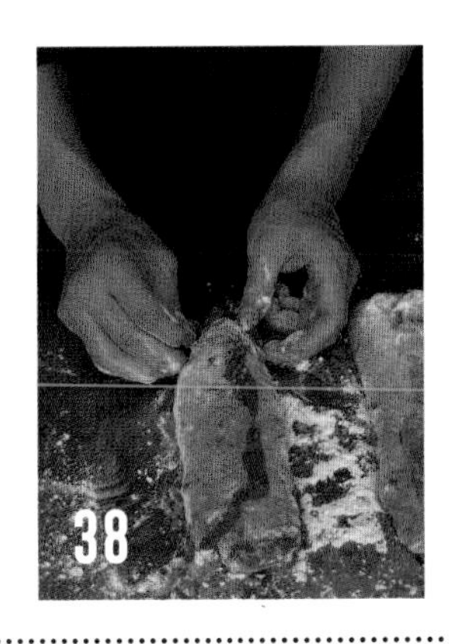

交叉的雙手恢復原位，扭轉麵團。

將下方麵團往上方捲。

將麵團封口朝上，雙手握住麵團，將麵團調整成圓形。

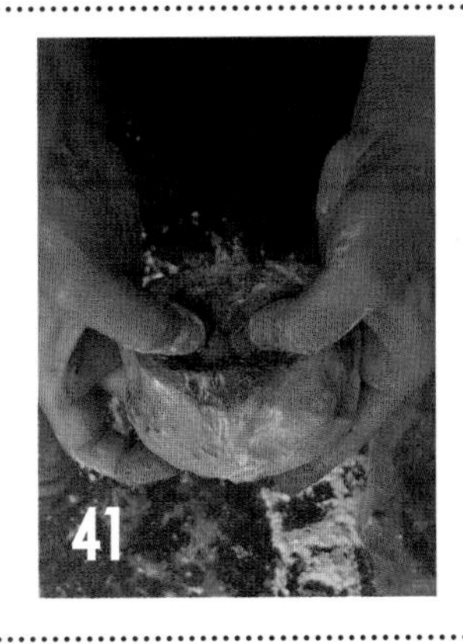

以雙手拇指和中指拿起麵團，手指往麵團中央用力壓出凹洞。

將麵團放入塗滿奶油（材料表之外另行準備的）的烤模中。另一個麵團也按照步驟 **34～42** 的動作處理。

→

最後發酵

維持 35℃發酵 90 分鐘。

發酵後。

烘烤

將烤模放入已經預熱至 190℃的烤箱中，設定溫度為 190℃烘烤 30 分鐘。

從烤模中取出烤好的庫克洛夫，放在鋪有烤盤紙的鐵網上，趁熱以刷子塗抹上裝飾用的糖漿。

酸種

酸種的作法有 3 種，分別是以過去流傳下來的酸種續種、使用乳酸菌和酵母菌的起種，以及製作元種，反覆進行篩選並續種。第 1 種是代代相傳的麵包店（麵包師傅）的作法，所以詳細作法不明。第 2 種是使用企業培養出來的起種，所以也不清楚作法。基於這些理由，本書會採用第 3 種的發酵種。

〈酸種的種類〉

注重麵粉美味的人所使用的酸種

魯邦種

這是以小麥或裸麥為基底起種製成的發酵種。具有自然氧化作用的微生物群（類似細菌集合物）且 pH 值在 4.3 以下的發酵種稱為「魯邦種」。在起種過程中，會以小麥為主角完成發酵，有許多較硬的發酵種（TA150 ～ 160）。魯邦種分為柔軟液種（TA200 ～ 225）以及硬種（TA150 ～ 170），特徵是充滿小麥的味道及明顯的酸味。菌的種類則有酵母菌屬釀酒酵母、假絲酵母菌屬米勒酵母、乳酸桿菌屬短毛乳酸桿菌等等。

裸麥酸種

這是以裸麥為基底，到最後都以裸麥完成發酵的發酵種。分成較硬的發酵種（TA150 ～ 160）和較軟的發酵種（TA180 ～ 200）。特徵是充滿裸麥的味道，容易形成具有明顯強烈酸味的發酵種。此外，也有在烘烤過程中，能夠抑制裸麥澱粉所含的分解酵素（澱粉）過度發揮作用的發酵種，這是裸麥比例高的麵包所需的發酵種。菌的種類有酵母菌屬釀酒酵母、乳酸桿菌屬短毛乳酸桿菌、乳酸桿菌屬胚芽乳酸桿菌、乳酸桿菌屬舊金山乳酸桿菌等等。

堅持正統麵包烘焙的人及專家所使用的酸種

白酸種

這是以小麥為主體完成發酵的美國西海岸小麥發酵種，也稱為「舊金山酸種」。特徵是充滿小麥味道、酸味較強。由於以在日本氣候下難以存活的酵母菌和乳酸菌為主體，所以必須使用市售起種，或是跟當地的麵包店購買。菌的種類有酵母菌屬少孢酵母、乳酸桿菌屬舊金山乳酸桿菌等等。

Panettone 種

以小麥為主體，是義大利北方倫巴底地區自古即用來製作傳統麵包的發酵種。帶有小麥的味道，即使在 pH4 以下的環境也具有耐酸性的發酵力。由於以在日本氣候下難以存活的酵母菌和乳酸菌為主體，所以必須使用市售起種，或是跟當地的麵包店購買，在家自製麵包時不太使用這個發酵種。菌的種類有酵母菌屬少孢酵母、乳酸桿菌屬胚芽乳酸桿菌、乳酸桿菌屬舊金山乳酸桿菌等等。

〈酸種的篩選作法〉

本書使用的酸種，一開始是在裸麥麵粉（或麵粉）中加水製作元種，反覆進行5～6天的「麵粉＋元種＋水」的動作後，就會開始篩選好的微生物和壞的微生物。

第 1 天

一開始在裸麥麵粉（或麵粉）中加水使其發酵，讓所有微生物增殖。

第 2 天

取出容器底部的部分發酵種放入另一個容器，加入新的麵粉和水使其發酵。

第 3 天以後

和第 2 天進行相同作業，並反覆進行 4 ～ 5 天。

第 1 天。

第 2 天開始取出容器底部的部分發酵種。

〈篩選時的微生物動態〉

一開始會培養出好的微生物和壞的微生物，但是進行篩選後只會培養好的微生物。透過微生物的動態瞭解這個機制後，就能理解反覆進行篩選的意義。

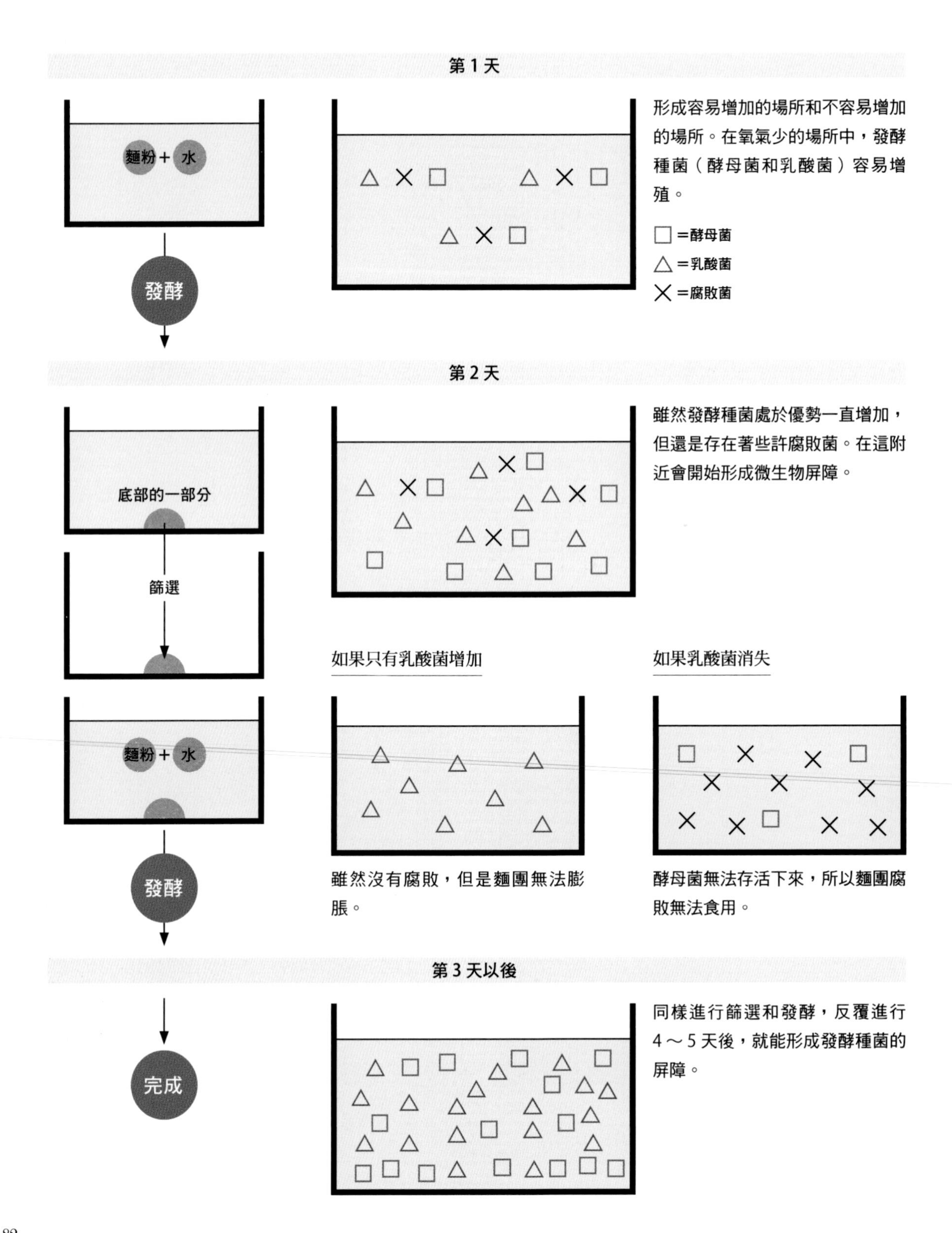

〈篩選時的環境條件〉

① 屏障

第 1 天

沒有。增加所有的微生物。

第 2 天

稍弱。篩選時會選擇發酵種菌可能較多的場所（下側）。

第 3 天

明顯變強。篩選時會選擇發酵種菌可能較多的場所（下側）。

② 養分（營養）

第 1 天

源自澱粉的物質。

第 2 天

源自澱粉的物質。

第 3 天

源自澱粉的物質。

③ 溫度

第 1 天

發酵種菌容易增殖的 28 ～ 35℃。

第 2 天

發酵種菌容易增殖的 28 ～ 35℃。

第 3 天

發酵種菌容易增殖的 28 ～ 35℃。

④ pH 值（酸鹼值）

第 1 天

從中性附近開始。但是隔天若一點也沒有變成酸性，就算失敗。

第 2 天

比第 1 天還酸。

第 3 天

和第 2 天一樣，但是有更酸的傾向。

⑤ 氧氣

第 1 天

想要增加菌量，所以要充分攪拌。

第 2 天

想要增加菌量，所以要充分攪拌。

第 3 天

想要增加菌量，所以要充分攪拌。

⑥ 滲透壓

第 1 天

想要增加所有微生物，所以不使用鹽。

第 2 天

想要增加所有微生物，所以不使用鹽。

第 3 天

要預防腐敗菌增殖，所以加入 1 ～ 2%的鹽。

第 4 天以後

根據想要製作的麵包類型、想要使用的發酵菌種，在作法上會有所差異。關鍵在於溫度和 pH 值。

〇想做出穩定的發酵種時

要讓發酵種不容易腐敗，所以要盡量讓乳酸菌處於優勢，變成較強的酸性。標準是 pH3.8 左右。

〇想做出發酵力強大的發酵種（酵母菌多且很有活力）時

要注意膨脹方式和起泡方式。

〈初種或還原種〉

「安心區域」沒有腐敗菌，所以不用擔心，但是酵母菌和乳酸菌都沒有活力。
若使用酸種，首先要讓「初種」在「安心區域」完成，
但若處於這個 pH 值範圍，酵母菌和乳酸菌都很難活性化。
↓
所以要進行續種（稀釋／混合）。
接著 pH 值就會從「安心區域」移動到「稍微安心區域」，酵母菌和乳酸菌的數量就會增加。
↓
若在這種狀態下繼續培養（發酵），pH 值會下降，再度回到「安心區域」=「還原種」。
反覆進行好幾次這個動作，就能成為多年以後都能安心使用的酸種。
＊大量使用這個酸種製作出來的麵包「酸味很強、不容易膨脹」。

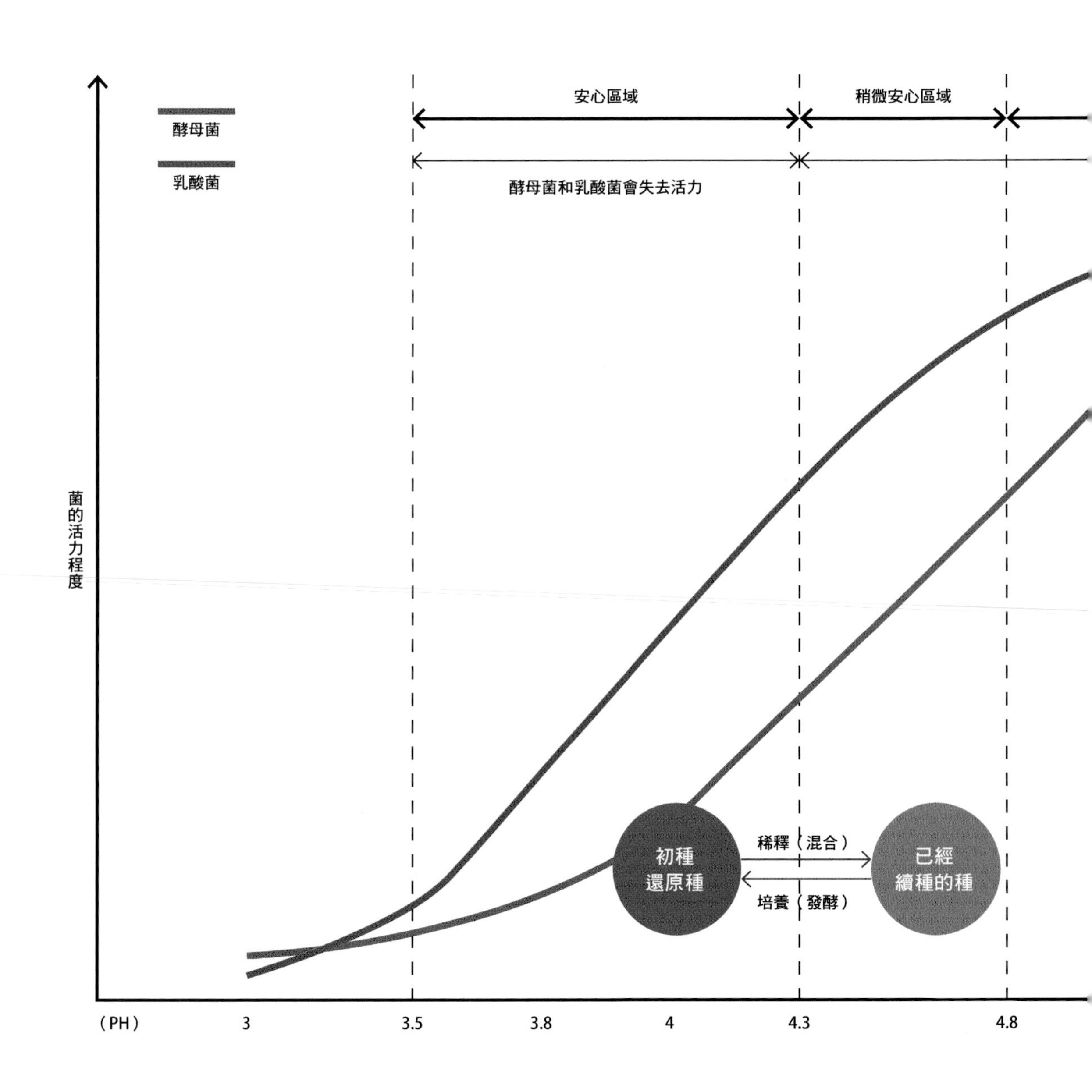

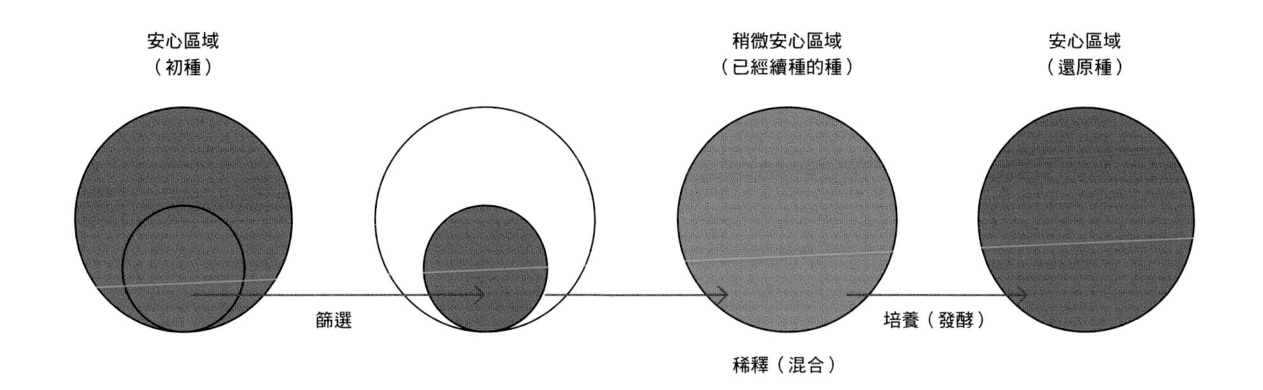
安心區域
（初種）
篩選
稍微安心區域
（已經續種的種）
稀釋（混合）
培養（發酵）
安心區域
（還原種）

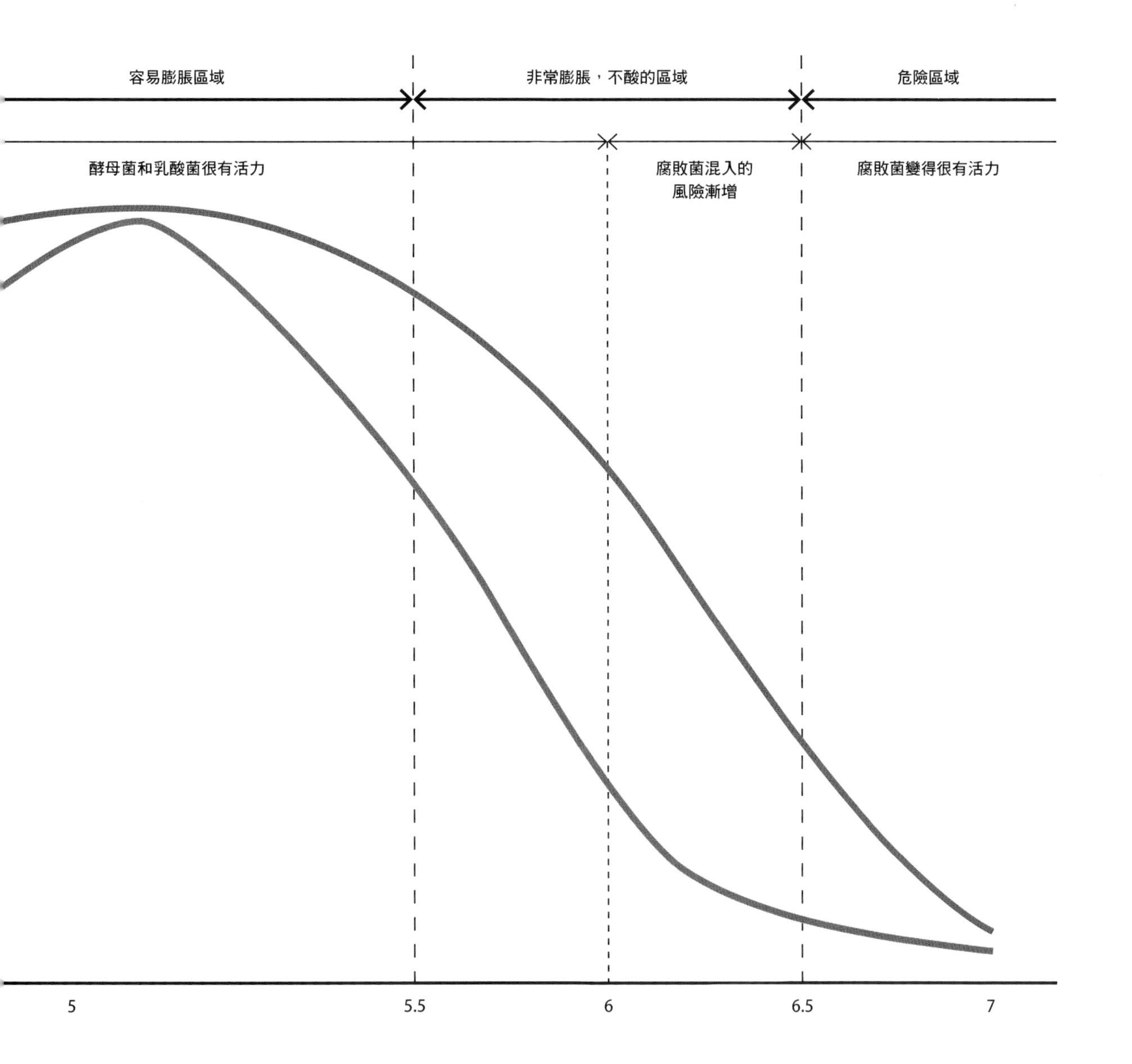
容易膨脹區域
非常膨脹，不酸的區域
危險區域
酵母菌和乳酸菌很有活力
腐敗菌混入的
風險漸增
腐敗菌變得很有活力
5
5.5
6
6.5
7

〈元種〉

雖然也可以用初種或還原種製作麵包，
但若遇到酸味太強、不容易膨脹的情形，就必須控制 pH 值。
所以要製作元種。

一開始要讓 pH 值從「安心區域」移動到「容易膨脹區域」＝「未完成的元種」。
取出部分的初種，加入麵粉和水稀釋（混合）。這樣一來發酵種就會變得很有活力。
但因為只取用少量的初種，所以腐敗菌可能有機會混入。
↓
要確認酵母菌處於優勢地位，所以要進行培養（發酵）。
↓
回到「稍微安心區域」＝「已經完成的元種」。
＊大量使用這個酸種製作出來的麵包「酸味一般、膨脹程度一般」。

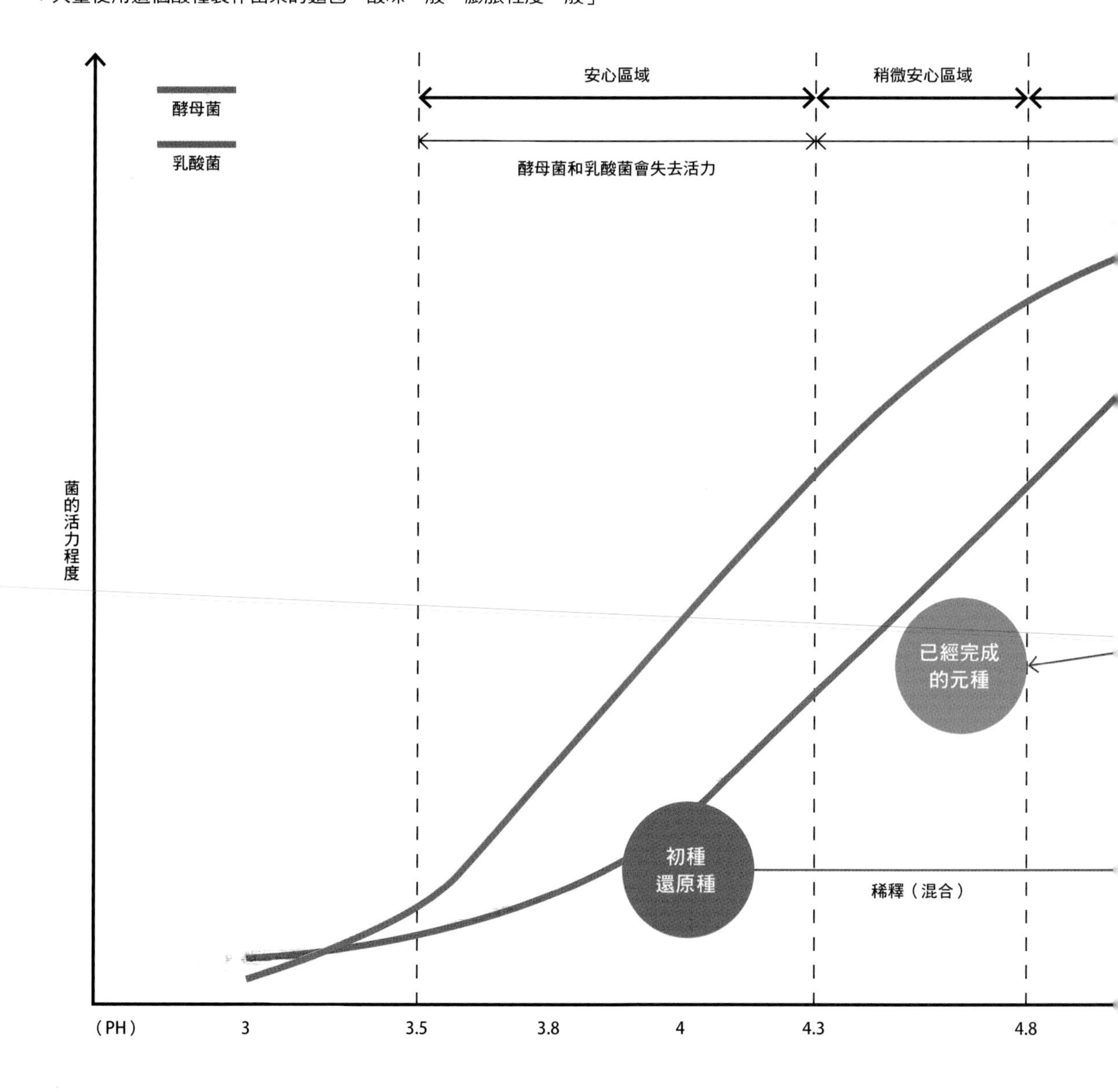

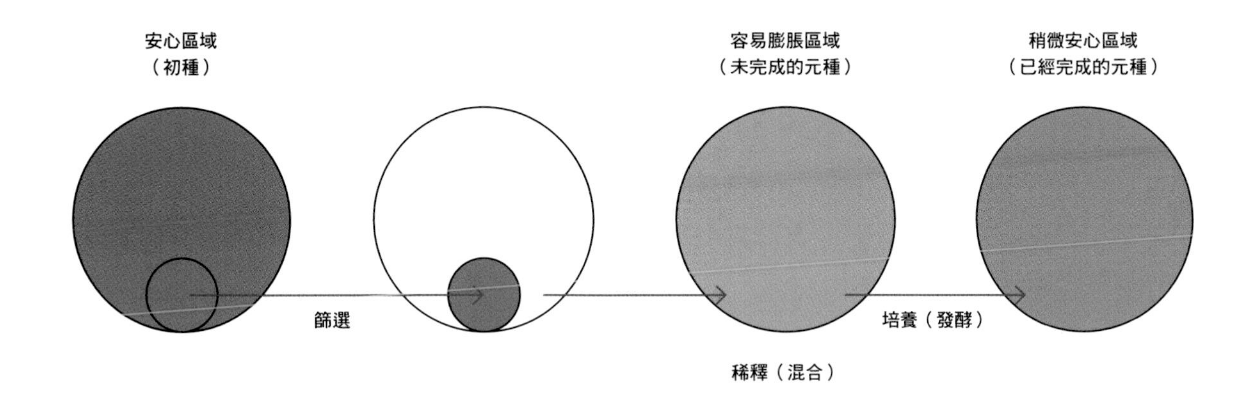
安心區域
（初種）
容易膨脹區域
（未完成的元種）
稍微安心區域
（已經完成的元種）
篩選
培養（發酵）
稀釋（混合）

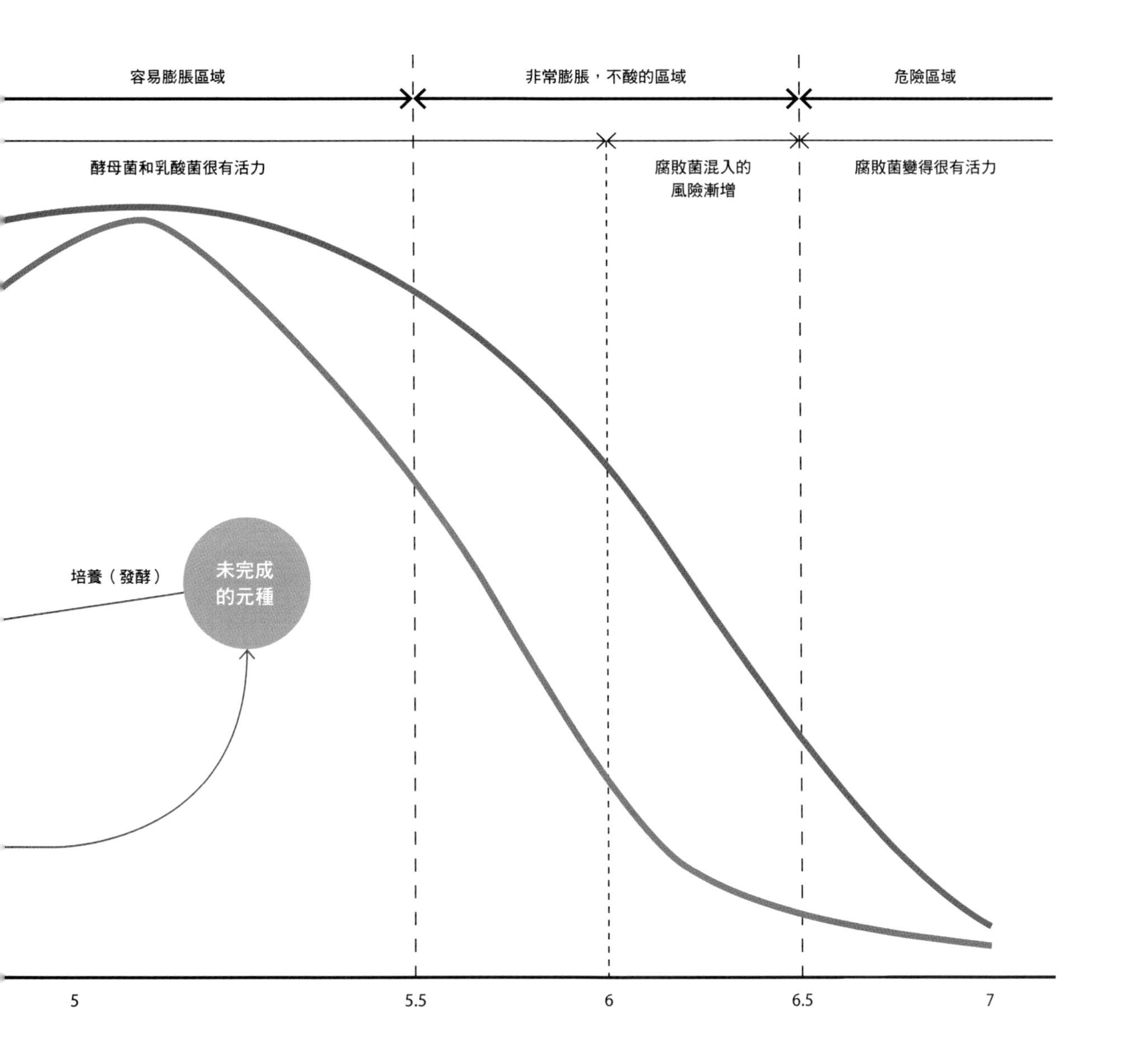
容易膨脹區域
非常膨脹，不酸的區域
危險區域
酵母菌和乳酸菌很有活力
腐敗菌混入的
風險漸增
腐敗菌變得很有活力
培養（發酵）
未完成
的元種
5
5.5
6
6.5
7

〈完成種〉

希望做出來的酸種比使用「已經完成的元種」製作的酸種還要膨脹且酸度減弱時，
若讓 pH 值突然從「安心區域」移動到「非常膨脹，不酸的區域」，
因為要稀釋培養極少量的初種，所以腐敗菌混入的風險就會提高。
故在此要使用「稍微安心區域」的「已經完成的元種」。

取出部分的「已經完成的元種」，加入麵粉和水稀釋（混合）。
↓
雖然 pH 值會接近「危險區域」，但是因為酵母菌和乳酸菌的數量可以形成屏障＝「未完成的完成種」。
↓
確認培養（發酵）後已經形成屏障＝「已經完成的完成種」。
＊大量使用這個酸種製作出來的麵包「非常膨脹、酸味微弱」。

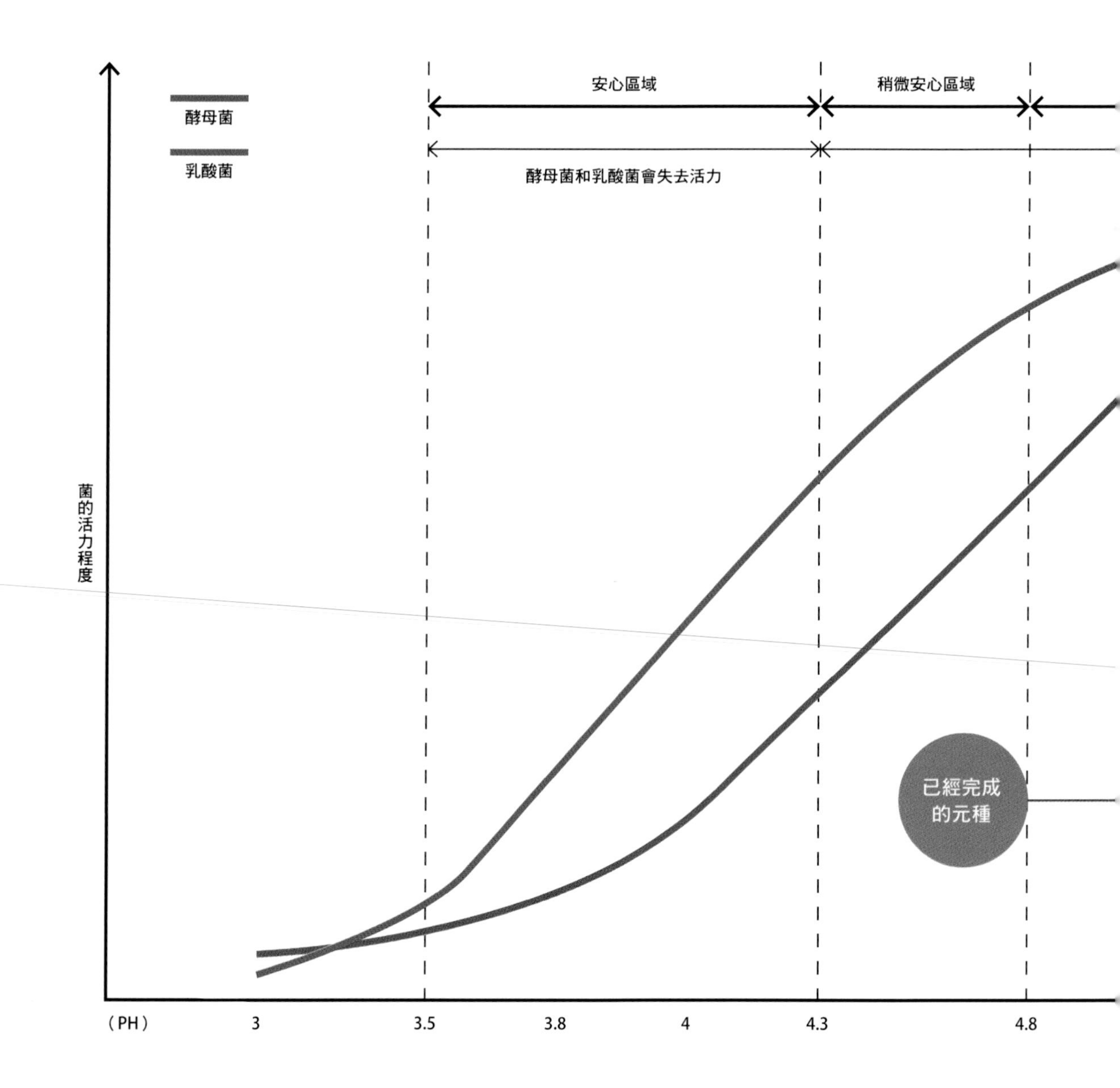

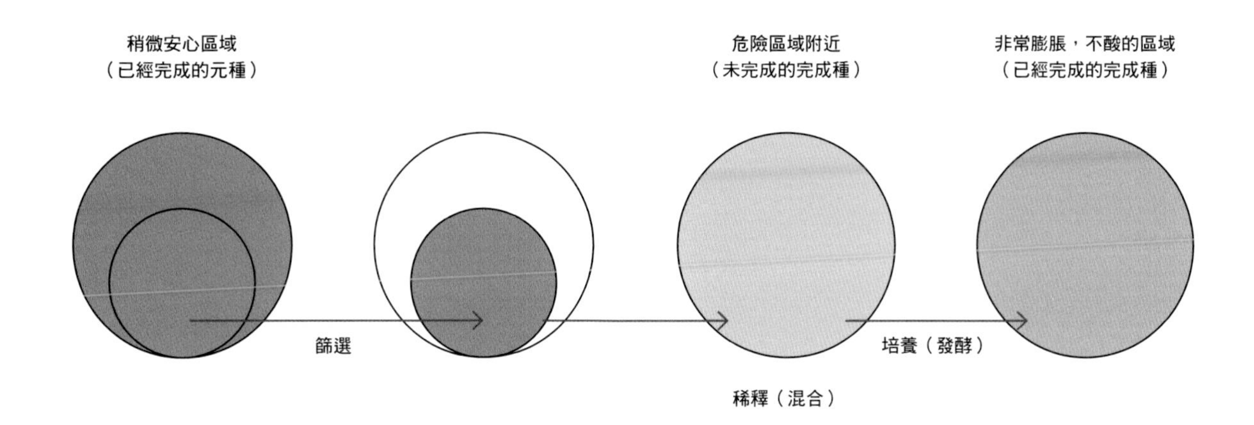
稍微安心區域
（已經完成的元種）
危險區域附近
（未完成的完成種）
非常膨脹，不酸的區域
（已經完成的完成種）
篩選
培養（發酵）
稀釋（混合）

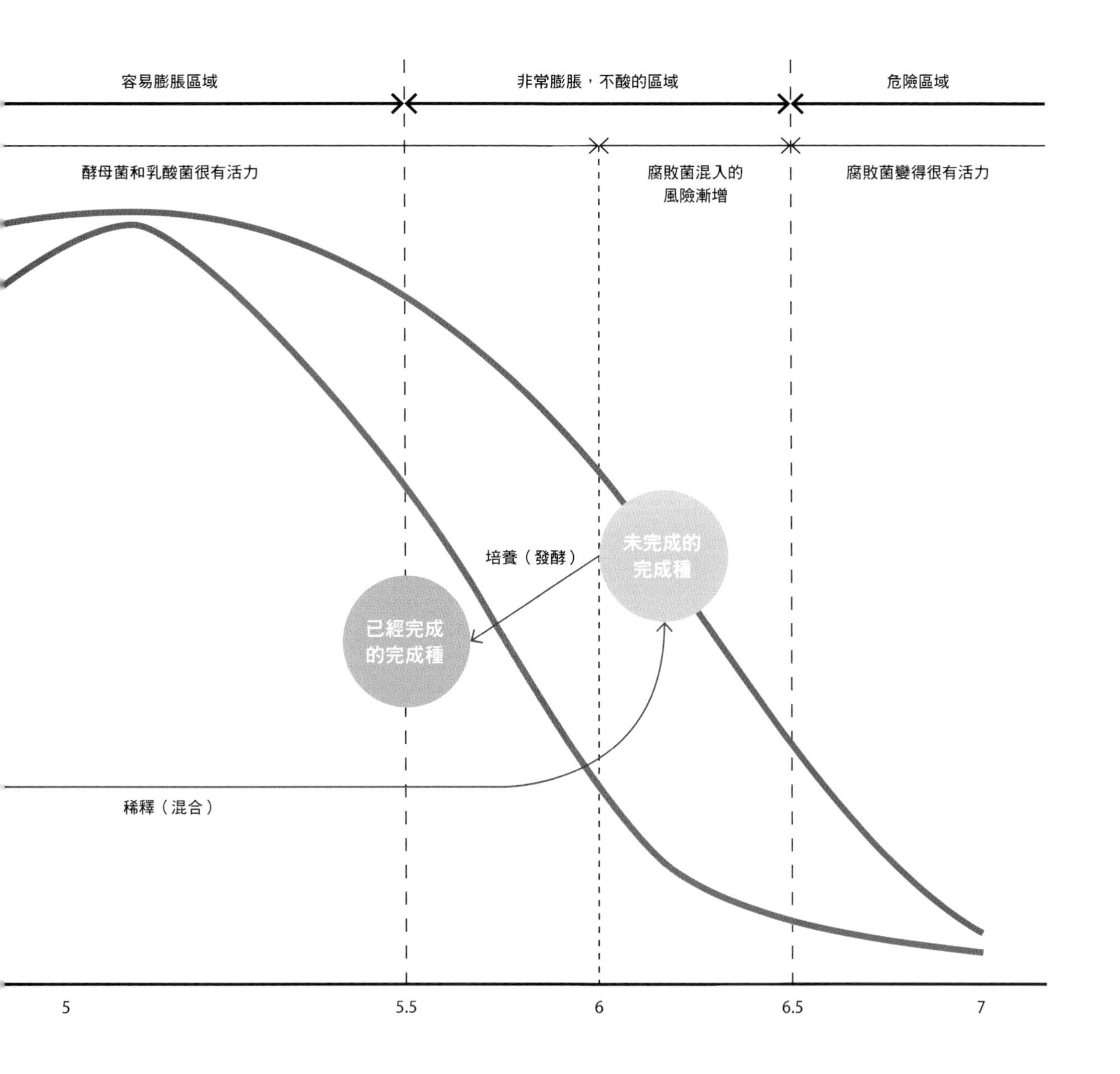
容易膨脹區域
非常膨脹，不酸的區域
危險區域
酵母菌和乳酸菌很有活力
腐敗菌混入的
風險漸增
腐敗菌變得很有活力
培養（發酵）
未完成的
完成種
已經完成
的完成種
稀釋（混合）
5
5.5
6
6.5
7

〈完成種的 pH 值和發酵種菌的平衡關係〉

麵包可以用元種、還原種或初種來製作。和這些作法相比之下，完成種需要較繁雜的作業，即使如此還是採用完成種製作的理由，是因為穩定的 pH 值和發酵種菌數量能取得平衡。只要知道會出現什麼變化，就能理解即使麻煩也要製作完成種的意義。

舉例來說，要從 pH4 的初種或還原種變成 pH6 的完成種時

發酵種菌的狀態

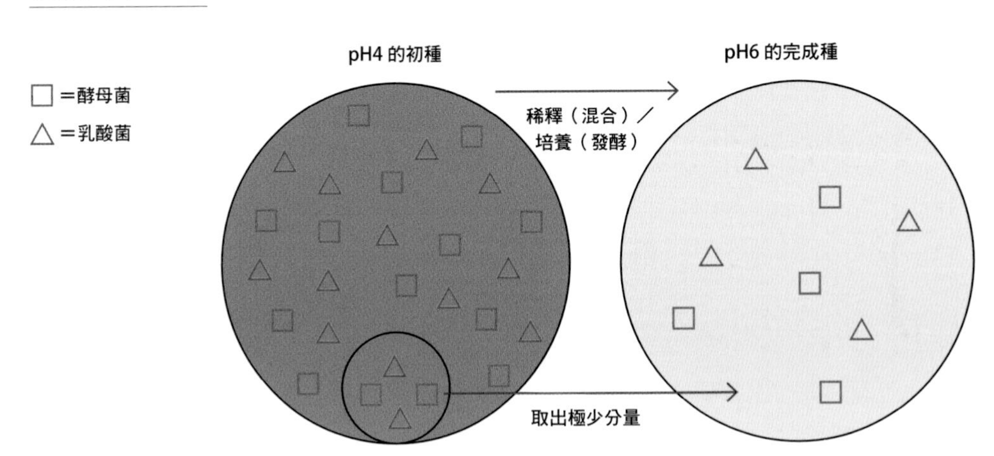

只要從初種取出「極少分量」稀釋（混合）／培養（發酵），就能做出完成種，但是這種情況很難使 pH 值和發酵種菌數量取得平衡，所以會變成不穩定的狀態。

不穩定的狀態

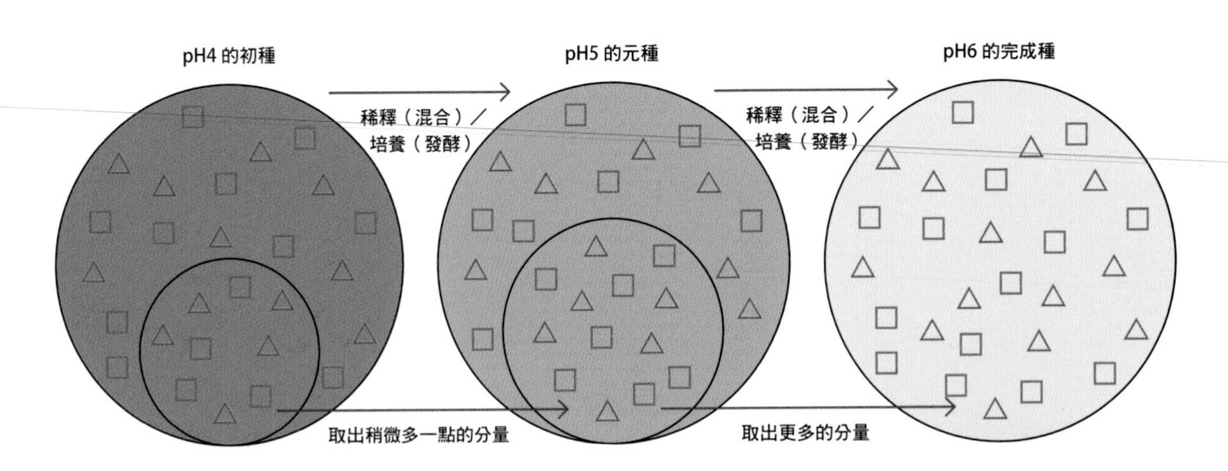

在製作 pH5 的元種作業過程中，不是取出「極少分量」，而是取出比極少還多的分量，再進行稀釋（混合）／培養（發酵）。如此一來 pH 值就會變高，發酵種菌的數量也會變多，變成平衡穩定的發酵種。

穩定的狀態

〈關於酸種使用的麵粉〉

基本上任何種類的麵粉都能拿來製作酸種，但是根據目的使用適合的麵粉，就能做出更有風味的麵包。選擇麵粉時請參考以下說明。

起種時

按照應注重關鍵的優先順序排列。

全麥麵粉
↓
沒有使用農藥的有機麵粉
↓
粗磨麵粉
↓
灰分含量高的麵粉

想使酸味很強時

按照應注重關鍵的優先順序排列。

全麥麵粉
↓
沒有使用農藥的有機麵粉
↓
粗磨麵粉
↓
灰分含量高的麵粉

想要做出膨脹的麵包時

按照應注重關鍵的優先順序排列。

灰分含量低的麵粉

蛋白質含量多的麵粉

魯邦種

「魯邦（Levain）」是指用麵粉或裸麥麵粉與水（加鹽）來起種的發酵種，酸鹼值是 pH4.3 以下的酸性。「魯邦」本身就帶有「發酵種」的含意在內，但在日本似乎還是稱「ルヴァン種（魯邦種）」居多。

〈魯邦種的環境條件〉

① 屏障

沒有屏障。

② 養分（營養）

以小麥澱粉或裸麥澱粉為養分。

③ 溫度

要增加具有發酵力的酵母菌，所以要將溫度設為 28℃。

④ pH 值（酸鹼值）

想要增加附著在小麥或裸麥上的乳酸菌，所以要使 pH 值變成弱酸性。

⑤ 氧氣

要隔絕氧氣，增加乳酸菌和酵母菌。

⑥ 滲透壓

腐敗菌增殖時，要加入 1 ～ 2%的鹽來抑制。

〈魯邦液種的起種方式〉

	第 1 次	第 2 次	第 3 次	第 4 次	第 5 次
粗磨裸麥全麥麵粉	70g	—	—	—	—
細磨裸麥全麥麵粉	—	50g	25g	—	—
中高筋麵粉（TYPE ER）	—	—	25g	50g	50g
水	84g	60g	60g	60g	60g
前一次的液種	—	50g	50g	50g	50g
發酵時間	約 1 天	約 1 天	約 1 天	9 ～ 12 小時	9 ～ 12 小時

攪拌完成溫度 28℃

發酵溫度 28℃

在容器中放入粗磨裸麥全麥麵粉和適量的水，以打蛋器攪拌均勻（攪拌完成溫度為 28℃）。放入 28℃的發酵箱，第 1 次結束時，麵糊會開始膨脹，出現酸味且帶有臭味。

從前一次的液種中取出需要的分量。在另一個容器中放入適量的水和前一次的液種，以打蛋器攪拌均勻，加入麵粉後再攪拌均勻（攪拌完成溫度為 28℃）。放入 28℃的發酵箱，第 2 次結束時，麵糊會膨脹得比第 1 次還厲害，出現酒味和酸味，依然帶有臭味。

從前一次的液種中取出需要的分量。在另一個容器中放入適量的水和前一次的液種，以打蛋器攪拌均勻，加入麵粉後再攪拌均勻（攪拌完成溫度為 28℃）。放入 28℃的發酵箱，第 3 次結束時，出現的小氣泡會比第 2 次多，麵糊會變成將近溶解的狀態，酸味很強。出現的臭味和第 2 次的不同。

從前一次的液種中取出需要的分量。在另一個容器中放入適量的水和前一次的液種，以打蛋器攪拌均勻，加入麵粉後再攪拌均勻（攪拌完成溫度為 28℃）。放入 28℃的發酵箱，第 4 次結束時，整個表面會產生小氣泡，酸味會變溫和。

從前一次的液種中取出需要的分量。在另一個容器中放入適量的水和前一次的液種，以打蛋器攪拌均勻，加入麵粉後再攪拌均勻（攪拌完成溫度為 28℃）。放入 28℃的發酵箱，第 5 次結束時，和第 4 次一樣，整個表面會產生小氣泡，會出現像水果一樣的香味和清爽的酸味。這樣就完成了，可以在冰箱存放 1 ～ 2 天。

使用魯邦液種製作的

鄉村麵包

這是注重於小麥產生巨變後所帶來的酸味和美味的麵包。

將魯邦液種從元種做成完成種，

藉此做出酸味溫和、恰到好處的輕盈口感的鄉村風格麵包。

除了做成三明治之外，也很適合和起司或其他料理一起搭配享用。

材料　1個分

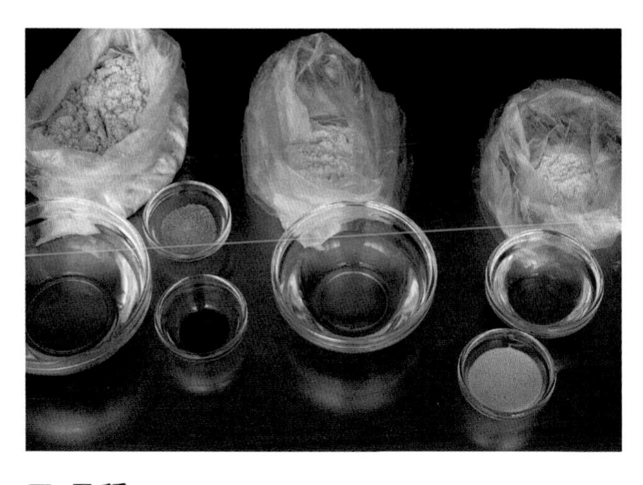

□ 元種

		烘焙百分比%
魯邦液種 P93	12.6g	4.2
高筋麵粉（春之戀）	30g	10
水	36g	12
Total	78.6g	26.2

□ 完成種

		烘焙百分比%
元種（上述）	78.6g	26.2
高筋麵粉（春之戀）	60g	20
水	72g	24
Total	210.6g	70.2

□ 主麵團

		烘焙百分比%
高筋麵粉（北方之香 100）	144g	48
石臼磨製全麥麵粉	30g	10
細磨裸麥全麥麵粉	30g	10
*麵粉要放入塑膠袋秤重。		
完成種（上述）	210.6g	70.2
海人藻鹽	6g	2
麥芽精（稀釋）	1.2g	0.4
*麥芽精：水＝以 1：1 的比例稀釋。		
水	120g	40
Total	541.8g	180.6

手粉（高筋麵粉）……適量

製作流程

元種

攪拌完成溫度為 25℃
設定 28℃　發酵 4～5 小時

↓

完成種

攪拌完成溫度 25℃
設定 28℃　發酵 2～3 小時→放入冰箱

↓

主麵團

↓

攪拌

揉成溫度為 25～26℃

↓

第一次發酵

設定 30℃　大約 1 小時

↓

整型

↓

最後發酵

設定 30℃　3 小時

↓

烘烤

以 230℃（含蒸氣）烘烤 10 分鐘
→以 250℃（不含蒸氣）烘烤 10 分鐘
→以 250℃（不含蒸氣）烘烤 10～15 分鐘

關鍵

在第一次發酵時，不要讓麵團太膨脹，在第二次發酵時，若使麵團確實膨脹，就能做出降低酸味、口感輕盈的麵包。

□ 製作元種

混合攪拌

在保存容器中放入水和魯邦液種，以橡皮刮刀攪拌均勻。

加入麵粉。

攪拌完成溫度 25℃

攪拌到所有材料都融合在一起。

發酵

蓋上蓋子，維持 28℃發酵 4～5 小時。

→

開始產生小氣泡。

□ 製作完成種

→

混合攪拌

攪拌完成溫度 25℃

在步驟 **4** 的元種中加入水和麵粉，以橡皮刮刀攪拌到麵糊的結塊消失。

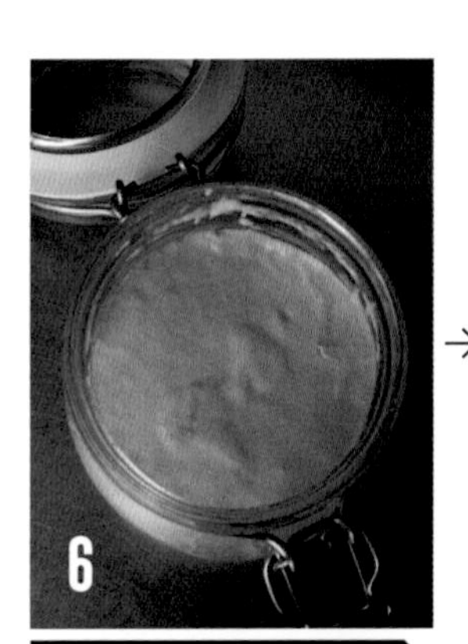

→

發酵

蓋上蓋子，維持 28℃發酵 2～3 小時。

□ 製作主麵團

開始產生小氣泡。接著就放入冰箱。

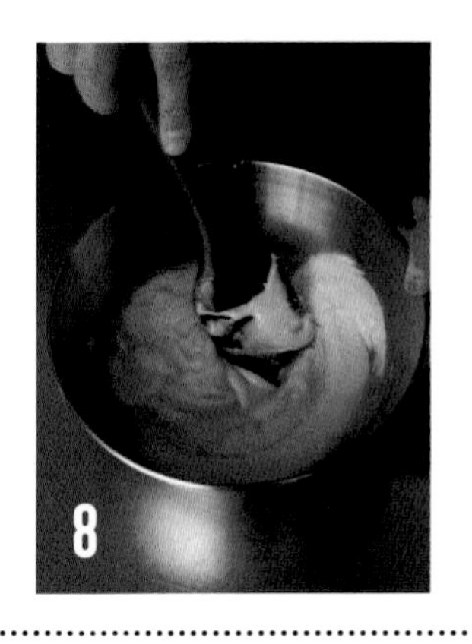

攪拌

在調理盆中放入水、麥芽精、鹽，並以橡皮刮刀攪拌均勻，再加入完成種。

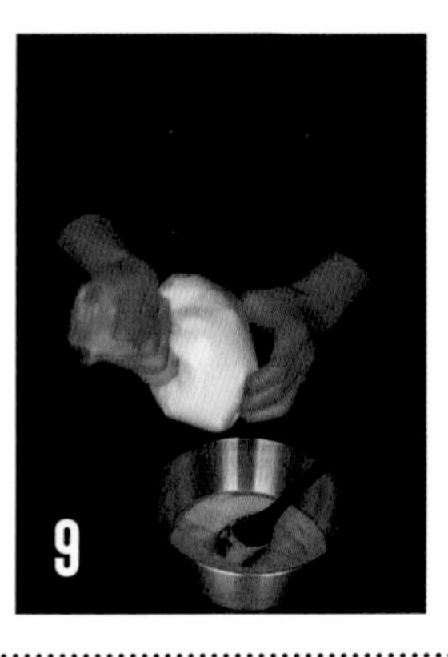

以橡皮刮刀攪拌均勻。

搖晃裝有麵粉的塑膠袋，使內容物充分混勻。

在步驟 **8** 的調理盆中加入步驟 **9** 的材料。

以橡皮刮刀將調理盆的麵粉從下往上舀，攪拌到粉狀感完全消失。

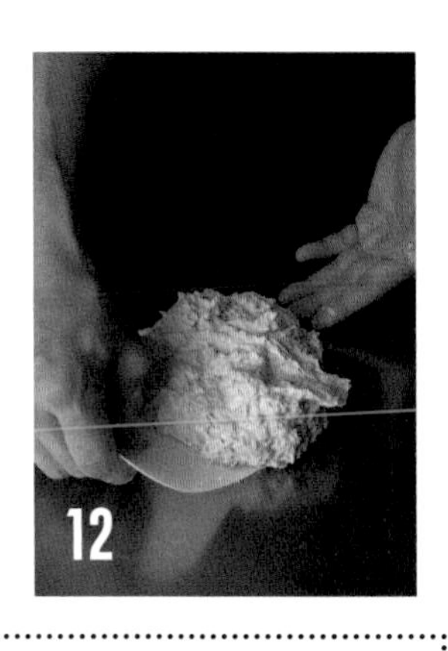

以切刀將麵團從外側鏟到自己手邊。

改變麵團方向，將麵團朝工作台摔打。

揉成溫度 25 ～ 26℃

將麵團摺成 2 層。步驟 **12** ～ **14** 的動作共做 5 組，每組做 6 次。

第一次發酵

將麵團放入容器後蓋上蓋子，維持 30℃發酵大約 1 小時。

發酵後。

整型

在另一個容器鋪上網眼較大的布巾，以茶葉濾網將手粉撒在布巾上（能蓋住布巾網眼的程度）。

在工作台和麵團撒上大量手粉，將切刀插入容器四側邊緣。

將容器倒過來，把麵團倒在工作台上。

雙手交叉，右手捏起麵團左下角，左手捏起麵團右下角。

交叉的雙手恢復原位，扭轉麵團。

將下方麵團往中央摺疊。

雙手交叉，左手捏起麵團右上角，右手捏起麵團左上角。

交叉的雙手恢復原位，扭轉麵團。

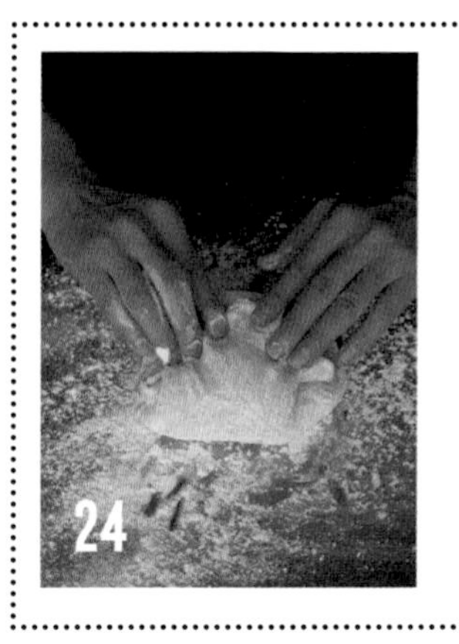

將上方麵團往中央摺疊。

改變麵團方向，右手捏起麵團左下角，左手捏起麵團右下角。

交叉的雙手恢復原位，扭轉麵團。

將下方麵團往中央摺疊。

雙手交叉，左手捏起麵團右上角，右手捏起麵團左上角。

交叉的雙手恢復原位，扭轉麵團。

將上方麵團往中央摺疊。

以手按壓麵團摺疊處。

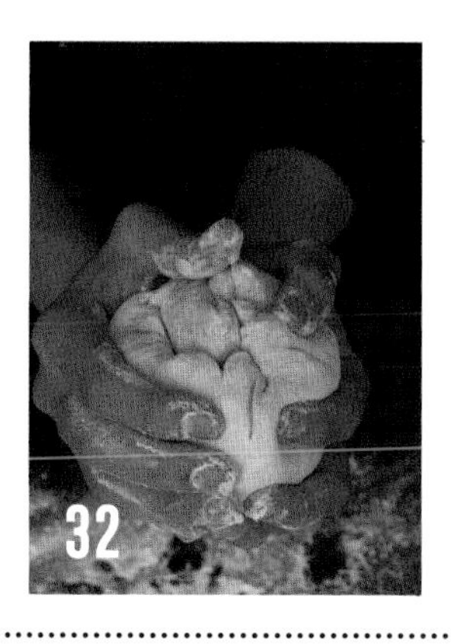

雙手握住麵團，將麵團集中成圓形。

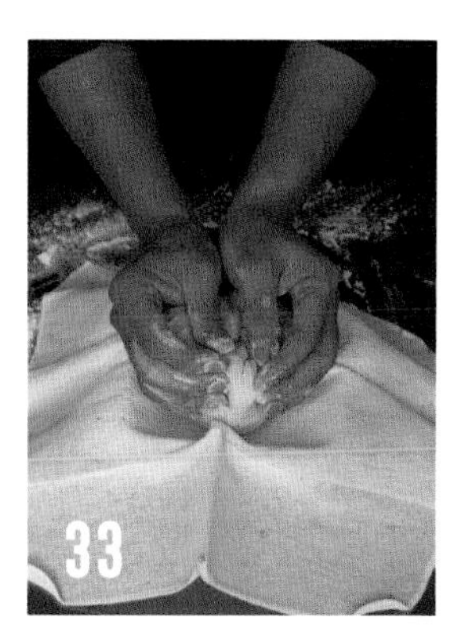

將麵團輕輕放入步驟 **16** 所準備的容器中。

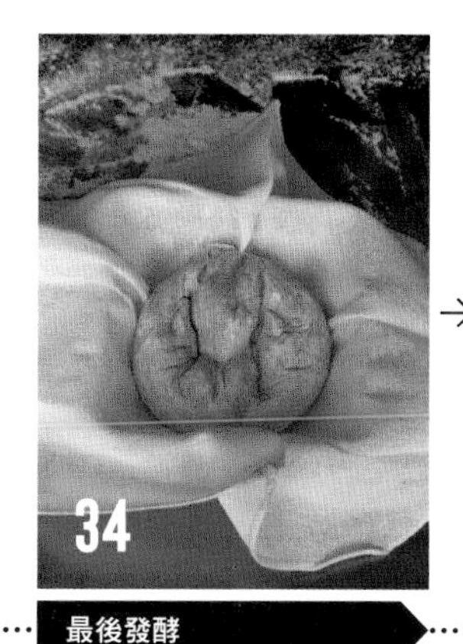

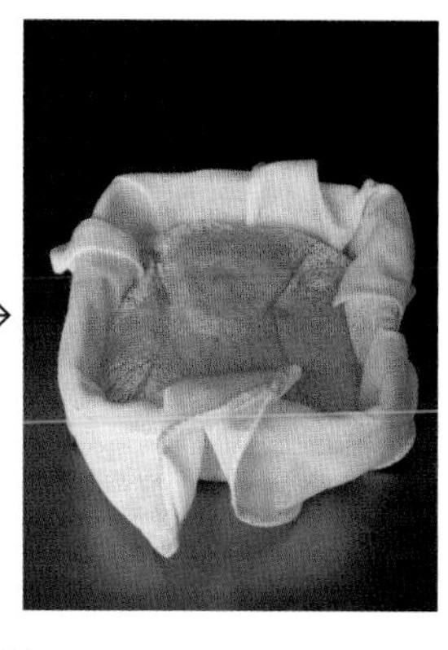

最後發酵

維持 30℃發酵 3 小時。

發酵後。

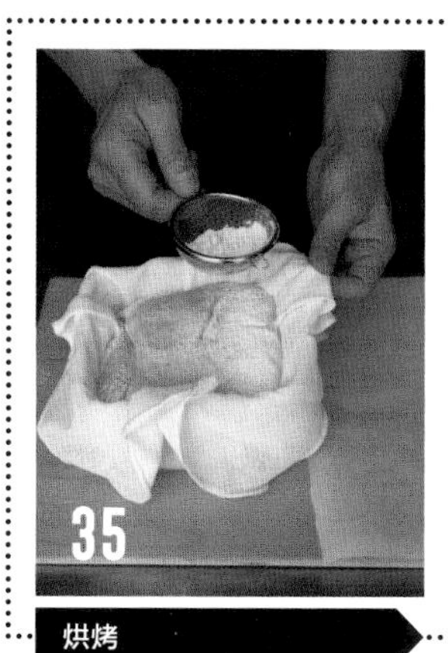

烘烤

稍微提起布巾，同時以茶葉濾網撒上麵粉。

將烤盤紙鋪在木板上，並將容器倒過來，連同布巾一起將麵團倒出來。

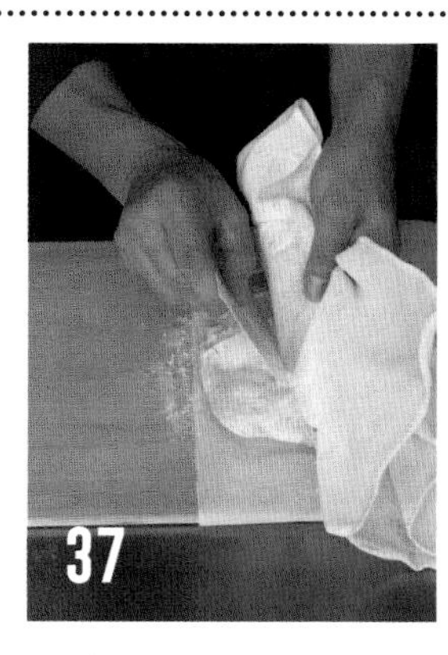

以切刀輕輕將和麵團黏在一起的布巾剝開，並取下布巾。

以茶葉濾網撒上較多手粉（能蓋住麵團的程度）。

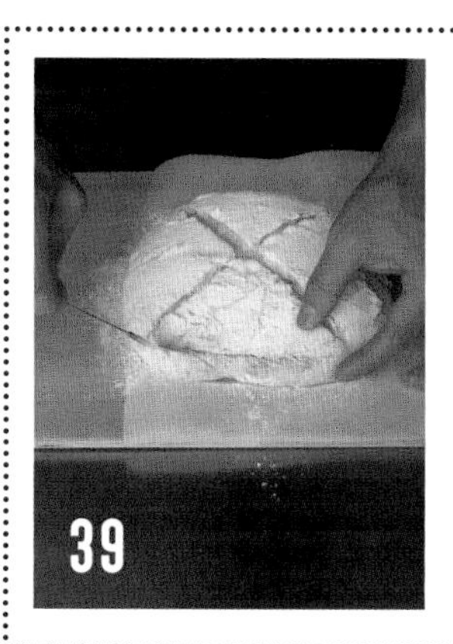

以割紋刀在麵團上劃出十字紋路，並從麵團底部 2 cm 的地方劃一圈。

將烤箱預熱至 250℃，以木板將麵團連同烤盤紙一起放入烤盤。

在烤箱內部邊緣噴 15 次水。設定溫度為 230℃（含蒸氣）烘烤 10 分鐘，設定溫度為 250℃（不含蒸氣）再烘烤 10 分鐘，接著改變麵團方向，設定溫度為 250℃（不含蒸氣）烘烤 10～15 分鐘。

使用魯邦液種製作的

石疊麵包

這是類似石疊（譯註：指石板塊）形狀，鬆軟濕潤的麵包。

在南瓜風味中能感受到小麥酸種的溫和酸味。

不要烤得太過頭，建議做成三明治享用。

材料　6 個分

		烘焙百分比％
高筋麵粉（春豐 Blend）	80g	40
中高筋麵粉（TYPE ER）	100g	50
＊麵粉要放入塑膠袋秤重。		
魯邦液種 P93	44g	22
即溶乾酵母	0.6g	0.3
A		
海人藻鹽	4g	2
蜂蜜	16g	8
牛奶	100g	50
南瓜泥	80g	40
＊使用前要加熱。		
奶油（不含食鹽）	20g	10
＊奶油要放至回復室溫。		
Total	444.6g	222.3
手粉（高筋麵粉）	適量	

製作流程

攪拌

揉成溫度為 24℃

第一次發酵

設定 30℃發酵 30 分鐘
→放入冰箱靜置 1 晚

分割、整型

切掉邊邊並分成 6 等分

最後發酵

設定 30℃　30 分鐘

烘烤

以 220℃（不含蒸氣）烘烤 10 ～ 12 分鐘

關鍵

為了避免酸味過於強烈，要同時使用能在短時間內確實發酵的酵母。要將揉好的麵團和整型過的麵團弄「平整」，促使麵團平均發酵。

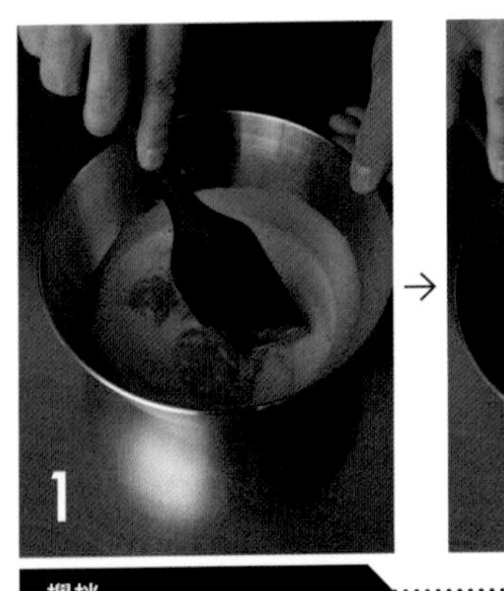

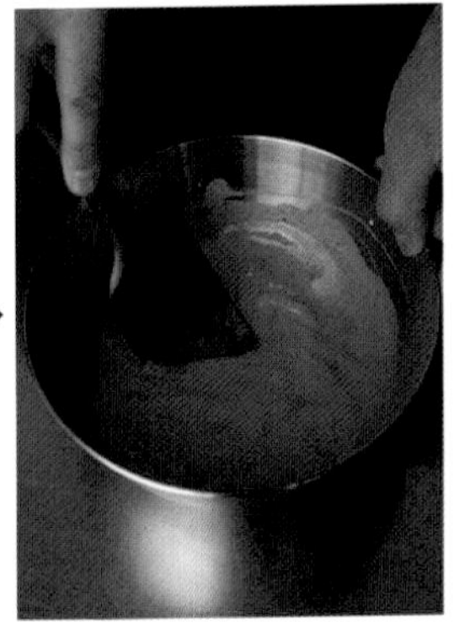

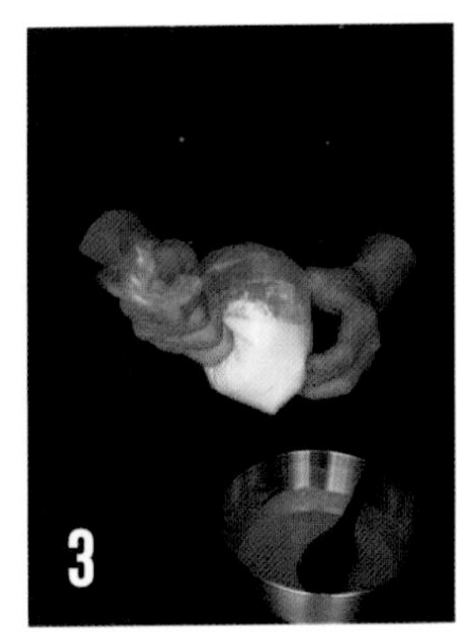

攪拌

在調理盆中放入材料 A，以橡皮刮刀攪拌均勻。

加入魯邦液種後再攪拌均勻。

將即溶乾酵母加入裝有麵粉的塑膠袋中，搖晃塑膠袋使內容物充分混勻。

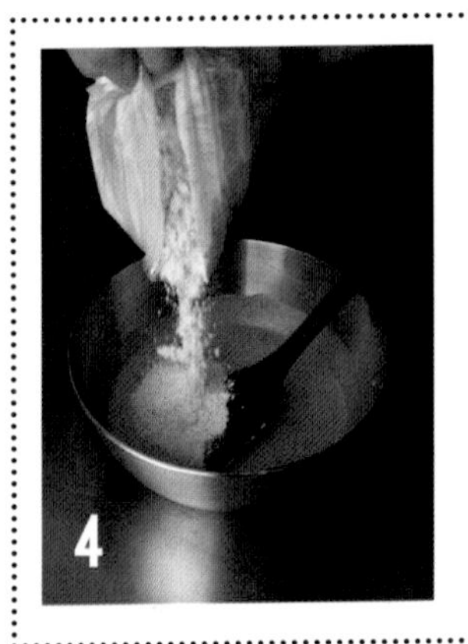

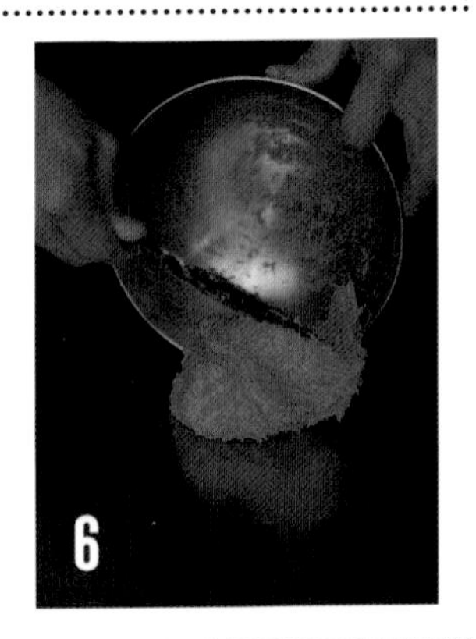

在步驟 **2** 的調理盆中加入步驟 **3** 的材料。

以橡皮刮刀將調理盆的麵粉從下往上舀，攪拌到粉狀感完全消失。

將麵團倒在工作台上。

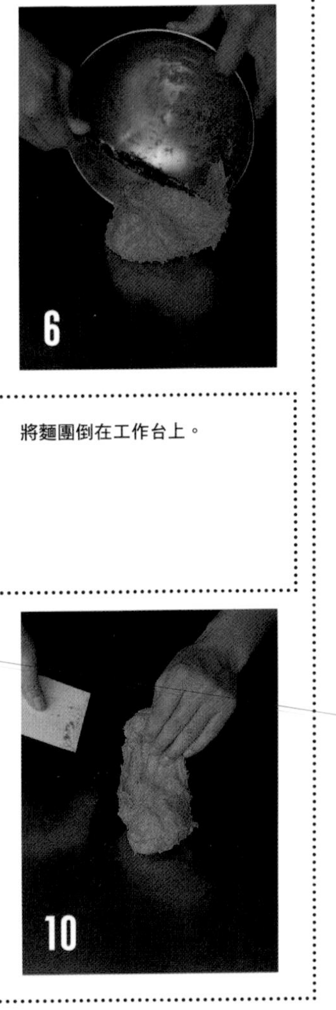

以切刀將麵團從外側鏟到自己手邊。

改變麵團方向。

拿起麵團。

將麵團朝工作台摔打。

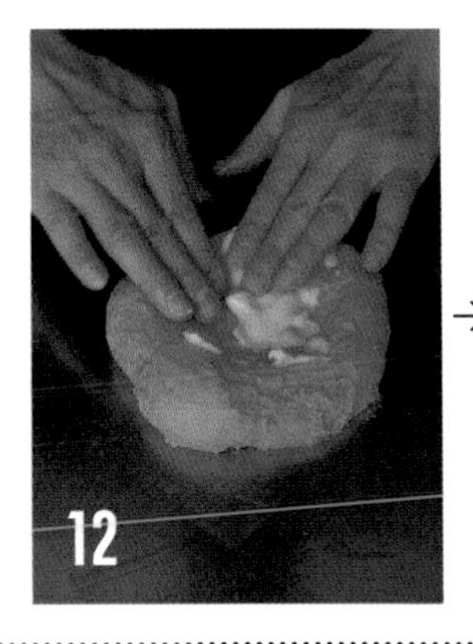

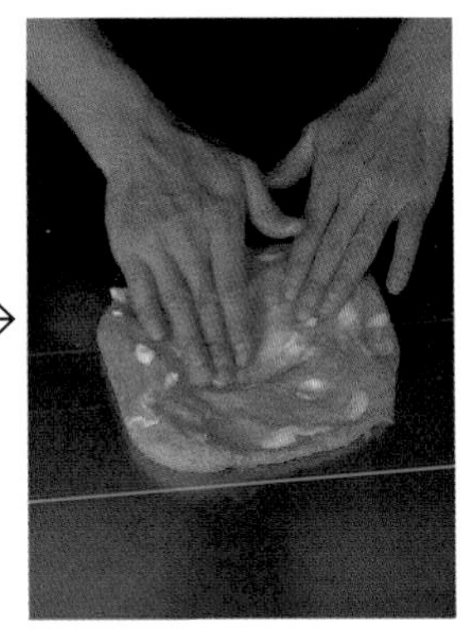

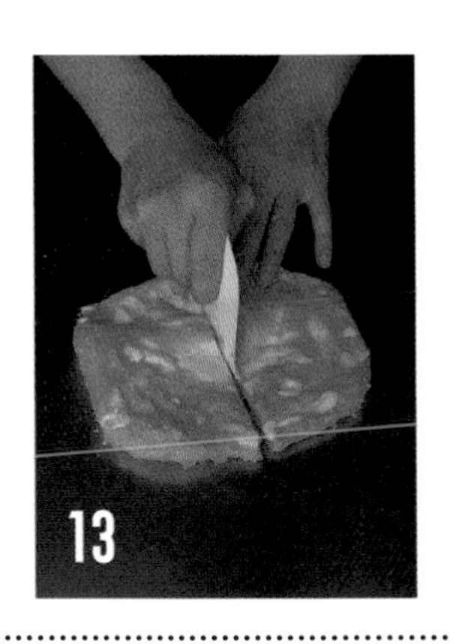

將麵團摺成 2 層。步驟 7～11 的動作共做 2 組，每組做 6 次。

將奶油鋪在麵團上，以手將奶油均勻塗平。

以切刀將麵團切成兩半。

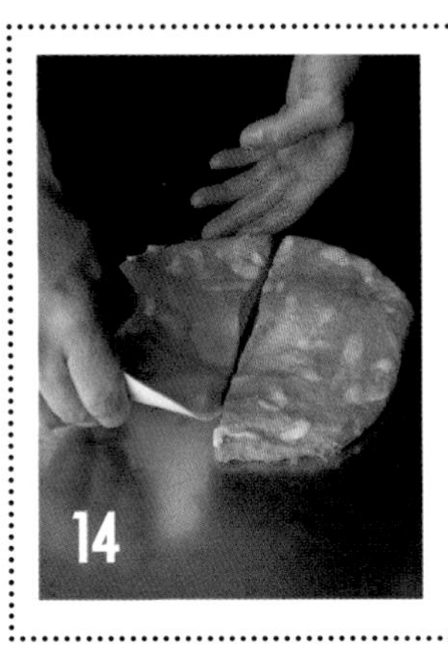

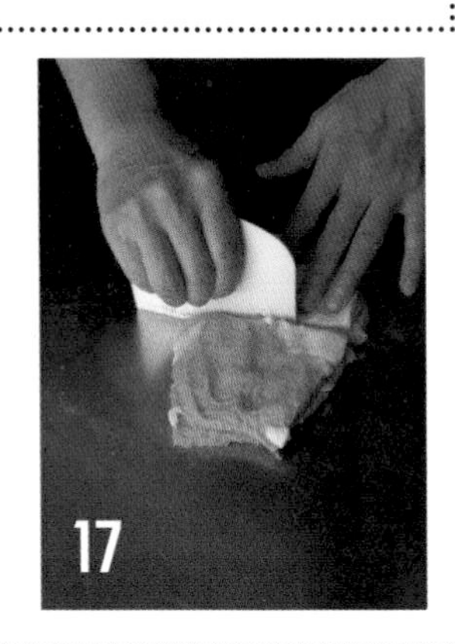

以切刀將其中一個麵團從外側鏟起來。

疊放在另一個麵團上。

以手按壓麵團。

將麵團切成兩半。

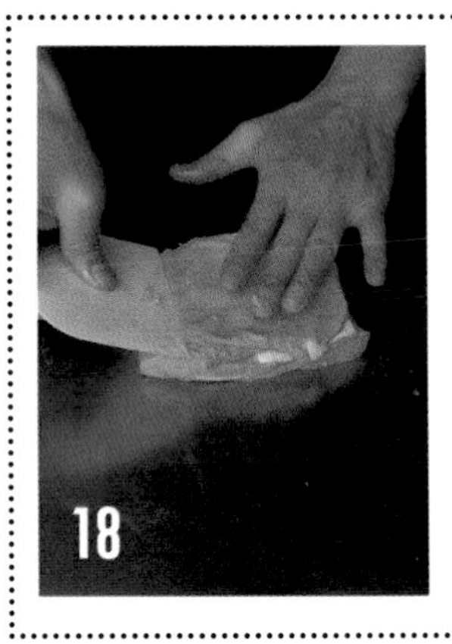

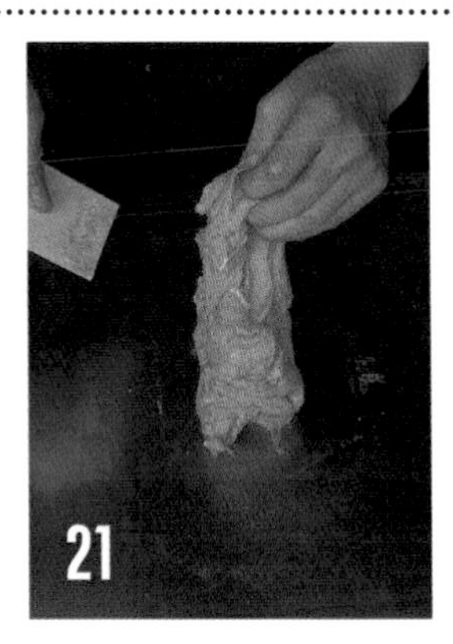

將 2 個麵團相疊，並以手按壓麵團。反覆進行 4 次步驟 13～18 的動作。

以切刀將麵團從外側鏟到自己手邊。

改變麵團方向。

將麵團朝工作台摔打。

將麵團摺成2層。步驟**19**～**22**的動作共做3組，每組做6次。

將麵團放入容器。

揉成溫度 24℃

以手指將麵團弄平整。

第一次發酵

蓋上蓋子，維持30℃發酵30分鐘。接著將麵團放入冰箱靜置1晚。

發酵後。

分割、整型

在工作台輕輕撒上手粉。

在麵團表面輕輕撒上手粉。

將切刀插入容器四側邊緣。

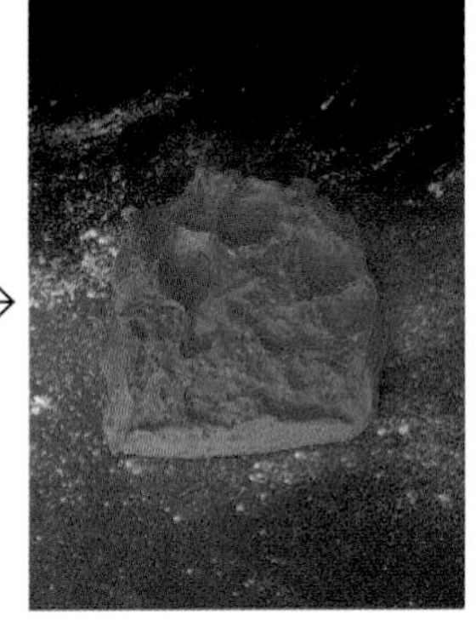

將容器倒過來，把麵團倒在工作台上。

將麵團從左邊往中央摺疊，以手按壓摺疊處。

將麵團從右邊往中央摺疊，以手按壓摺疊處。

若出現大氣泡，就除掉氣泡，並按壓整個麵團。

將麵團從下方往中央摺疊，以手按壓摺疊處。

將麵團從上方往中央摺疊，以手按壓摺疊處。

若出現大氣泡，就除掉氣泡，並按壓整個麵團。

在工作台輕輕撒上手粉。

以切刀鏟起麵團。

將麵團翻面。

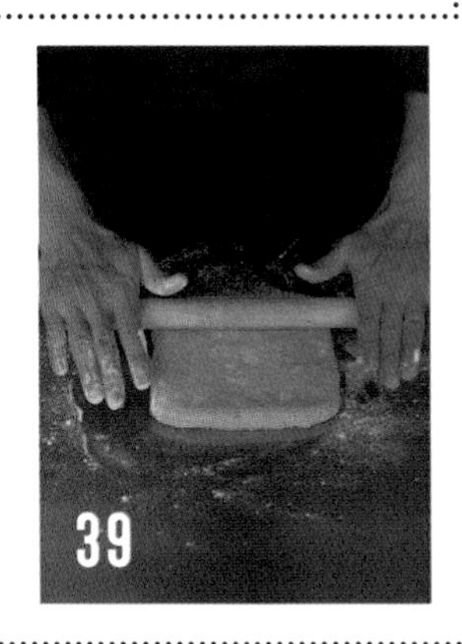

以擀麵棍將麵團推展成大約13×19cm的大小。

切除麵團上下左右的邊緣。

橫切麵團，使麵團形成2個長方形，再將每個長方形都分成3等分，總共切成6塊。

最後發酵

將麵團放在烤盤紙上，維持30℃發酵30℃分鐘。

烘烤

將烤箱預熱至250℃，以木板將麵團連同烤盤紙一起放入烤盤。設定溫度為220℃（不含蒸氣）烘烤10～12分鐘。

裸麥酸種

是指使用裸麥製作的發酵種。
這個發酵種在日本以「德國酸種」聞名，
但是在德國則稱為「Sauer（帶有酸味）teig（麵團）」，
如同字面上的意思，指的就是「酸的麵團」。

〈裸麥酸種的環境條件〉

① 屏障

沒有屏障。

② 養分（營養）

以裸麥澱粉為養分。

③ 溫度

要增加具有發酵力的酵母菌，所以要將溫度設為28℃。

④ pH 值（酸鹼值）

想要增加附著在裸麥上的乳酸菌，所以要使 pH 值變成弱酸性。

⑤ 氧氣

隔絕氧氣，增加乳酸菌和酵母菌。

⑥ 滲透壓

腐敗菌增殖時，要加入 1 ～ 2%的鹽來抑制。

〈裸麥酸種的起種方式〉

	第 1 天	第 2 天	第 3 天	第 4 天
粗磨裸麥全麥麵粉	75g	70g	—	—
細磨裸麥全麥麵粉	—	—	100g	100g
水	75g	70g	100g	100g
前一天的種	—	7g	10g	10g
發酵時間	約 1 天	約 1 天	約 1 天	約 1 天

攪拌完成溫度 26℃

發酵溫度 28℃

在容器中放入粗磨裸麥全麥麵粉和適量的水，以打蛋器攪拌均勻（攪拌完成溫度為 26℃）。放入 28℃的發酵箱，第 1 天結束時會出現臭味。

從前一天的種取出需要的分量。在另一個容器中放入適量的水和前一天的種，以打蛋器攪拌均勻，加入麵粉後再攪拌均勻（攪拌完成溫度為 26℃）。放入 28℃的發酵箱，第 2 天結束時依然會有臭味。

從前一天的種取出需要的分量。在另一個容器中放入適量的水和前一天的種，以打蛋器攪拌均勻，加入麵粉後再攪拌均勻（攪拌完成溫度為 26℃）。放入 28℃的發酵箱，第 3 天結束時，會出現略微溫和的香味。

從前一天的種取出需要的分量。在另一個容器中放入適量的水量和前一天的種，以打蛋器攪拌均勻，加入麵粉後再攪拌均勻（攪拌完成溫度為 26℃）。放入 28℃的發酵箱，第 4 天結束時會產生溫和的香味。這樣就完成了，可以在冰箱存放 2 天。

使用裸麥酸種製作的

斯佩爾特小麥麵包

這款麵包帶有斯佩爾特小麥（古代小麥）的濃厚小麥味道，

還能享受到不輸斯佩爾特小麥的裸麥酸種的酸味、裸麥美味與風味。

材料　1個分

		烘焙百分比％
斯佩爾特小麥	160g	80
粗磨裸麥全麥麵粉	20g	10

＊麵粉要放入塑膠袋秤重。

裸麥酸種 P107	40g	20
即溶乾酵母	1.2g	0.6
海人藻鹽	4g	2
水	120g	60
煮好的法羅（Farro）小麥	100g	50

＊法羅小麥的大小是斯佩爾特小麥的中粒大小。在鍋子裡放入 40g 的法羅小麥和 60g 的熱水後開火加熱，沸騰後轉小火煮大約 5 分鐘，再包上鋁箔紙放涼，要放至回復室溫。

Total	445.2g	222.6

手粉（斯佩爾特小麥麵粉）……… 適量

製作流程

攪拌

揉成溫度為 27℃

↓

整型

↓

最後發酵

設定 30℃　大約 40 分鐘

↓

烘烤

以 230℃（含蒸氣）烘烤 10 分鐘
→以 250℃（不含蒸氣）烘烤大約 20 分鐘

關鍵

不要進行第一次發酵，要在酸味變強之前完成烘烤，所以要同時使用能在短時間內確實發酵的即溶乾酵母。

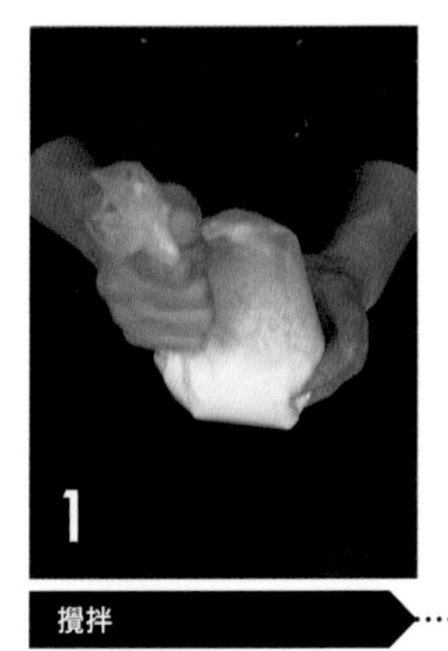

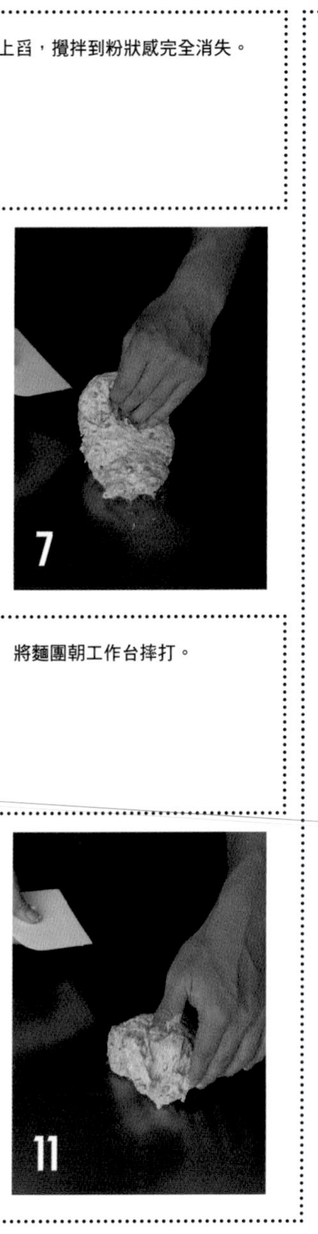

攪拌

將即溶乾酵母倒入裝有麵粉的塑膠袋中，搖晃塑膠袋使內容物充分混勻。

將剩下的材料放入調理盆中，再加入步驟 1的材料。

以橡皮刮刀將調理盆的麵粉從下往上舀，攪拌到粉狀感完全消失。

將麵團倒在工作台上，以切刀將麵團從外側鏟到自己手邊。

改變麵團方向。

拿起麵團。

將麵團朝工作台摔打。

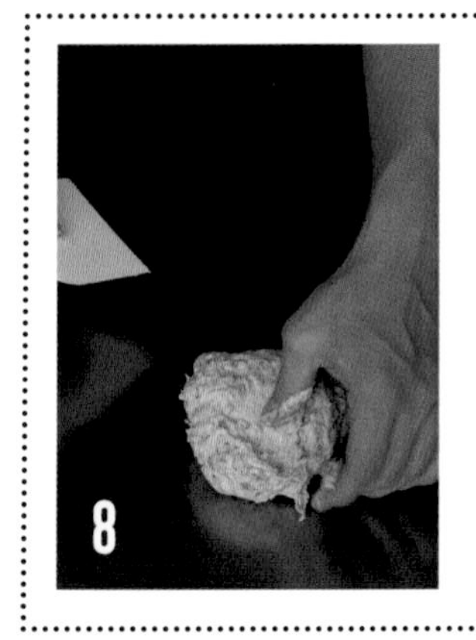

將麵團摺成 2 層。

以切刀將麵團從外側鏟到自己手邊。

改變麵團方向，將麵團朝工作台摔打。

將麵團摺成 2 層。

以切刀將麵團從外側鏟到自己手邊。

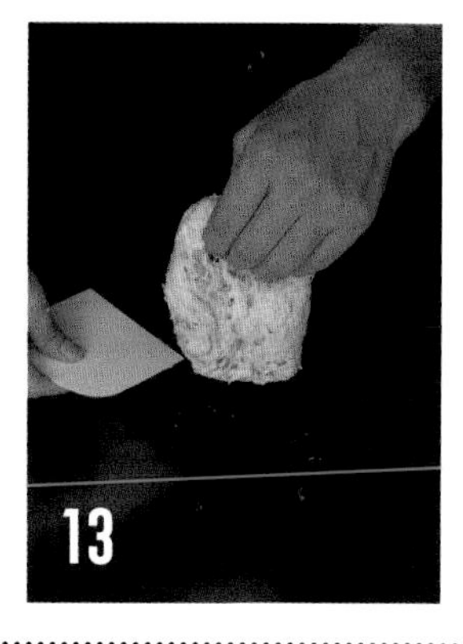

改變麵團方向，拿起麵團。

將麵團朝工作台摔打。

將麵團摺成 2 層。

揉成溫度 27℃

步驟 **4～15** 的動作共做 3 組，每組做 2 次。

整型

在工作台撒上手粉。

將麵團封口朝上放在工作台上，麵團也撒上手粉。

以手按壓麵團。

將麵團推展成直徑大約 15 cm 的圓形。

將麵團從下方往上方摺疊，摺到上方的⅓處。

以手掌根部按壓麵團摺疊處。

將麵團從上方往下方摺疊，摺到下方的⅓處。

以手掌根部按壓麵團摺疊處。

用雙手大拇指壓住麵團中央部位，將麵團從上方往下方摺成 2 層。

以手掌根部按壓麵團處。

在工作台撒上大量手粉。

滾動麵團，使麵團沾滿手粉。

將麵團封口朝下。

將麵團放在烤盤紙上。

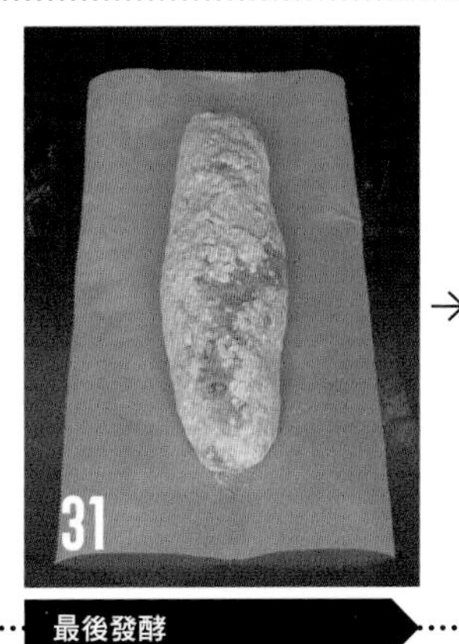

最後發酵

維持 30℃發酵大約 40 分鐘。

發酵後。

烘烤

以茶葉濾網撒上大量手粉。

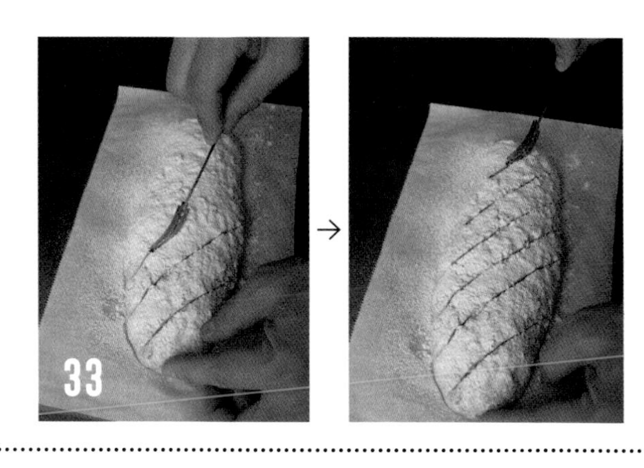

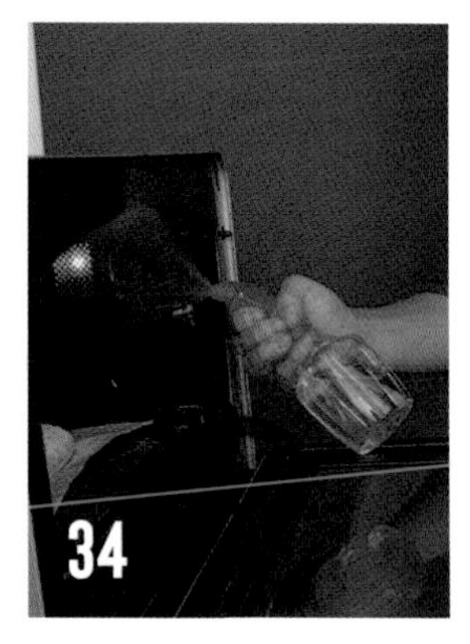

以割紋刀在麵團上斜劃 6 條直線紋路。

將烤箱預熱至 250℃，以木板將麵團連同烤盤紙一起放入烤盤。在烤箱內部邊緣噴 12 次水。設定溫度為 230℃（含蒸氣）烘烤 10 分鐘，接著改變麵團方向，設定溫度為 250℃（不含蒸氣）再烘烤大約 20 分鐘。

關於丁克爾（Dinkel）小麥（又稱「斯佩爾特小麥」）

這種小麥的德語是「Dinkel」、英語是「Spelt」、法語是「épeautre」，西班牙語是「Spelz」、義大利語則稱為「Farro」，是一種古代小麥。

但是，義大利語中的「Farro」，是指所有帶殼小麥，所以這個叫法也包含古代小麥中的「二粒小麥（Emmer）」等等。順帶一提，「二粒小麥」和「斯佩爾特小麥」都是古代小麥，但是系統不同，「二粒小麥」屬於「二粒系小麥」，而「斯佩爾特小麥」則是「普遍系小麥（普通小麥）」。

古代小麥的殼很厚，由於具有對抗氣候變化和土壤條件的性質，所以不需進行品種改良，幾乎不使用化學肥料、除草劑或殺蟲劑等農藥就能栽培成功，是追求有機農業族群喜歡的一種小麥。不用進行品種改良的這種古代小麥，也被稱為「不易引發過敏的小麥」。雖說如此，對所有小麥過敏的人來說也並非絕對安全，建議食用前先向醫師諮詢。

這種小麥的殼很硬，所以不容易做成麵粉。麵筋骨架也沒有那麼堅固，但是營養價值很高，在追求健康的族群之間很受歡迎。本書對這種小麥的說法並非「スペルト小麦（斯佩爾特／Spelt 小麥）」，而是採用德國自古以來使用的小麥名稱「ディンケル小麦（丁克爾／Dinkel 小麥）」。

使用裸麥酸種製作的

水果麵包

這是一款厚實、不甜的水果蛋糕麵包。

可以品嘗到水果和裸麥醞釀出來的酸味。

請和切成薄片的新鮮起司一起享用。

材料　吐司麵包烤模 1 個

□ 中種

		烘焙百分比%
細磨裸麥全麥麵粉	60g	20
裸麥酸種 P107	30g	10
水	45g	15
Total	135g	45

□ 主麵團

		烘焙百分比%
高筋麵粉（春豐 Blend）	180g	60
細磨裸麥全麥麵粉	60g	20
＊麵粉要放入塑膠袋秤重。		
中種（上述）	135g	45
海人藻鹽	6g	2
水	180g	60
酒漬果乾	180g	60
＊在保存容器中放入 60 g 的陳皮、30 g 的檸檬皮、60 g 的藍莓乾、30 g 的君度橙酒，醃漬 2 ～ 3 天。		
Total	741g	247

手粉（高筋麵粉）…… 適量

製作流程

中種

攪拌完成溫度為 27 ～ 28℃
設定 30℃　發酵 3 ～ 5 小時

↓

主麵團

↓

攪拌

揉成溫度為 27℃

↓

整型

↓

最後發酵

設定 30℃　大約 3 小時

↓

烘烤

以 230℃（含蒸氣）烘烤 15 分鐘
→以 250℃（不含蒸氣）烘烤 35 ～ 40 分鐘

關鍵

要在酸味很強的裸麥酸種中加入裸麥麵粉和水使其發酵，減輕酸味，使其變成容易發酵的狀態。

□ 製作中種

1 **混合**

在保存容器中放入水和裸麥酸種，再加入麵粉。

2 **攪拌完成溫度 27 ~ 28℃**

以橡皮刮刀攪拌到粉狀感完全消失。

3 **發酵**

將表面弄平整後蓋上蓋子，維持30℃發酵 3 ~ 5 小時。

→

發酵後。

□ 製作主麵團

4 **攪拌**

在調理盆中放入水和鹽，以橡皮刮刀攪拌均勻，再加入中種。

5

加入麵粉。

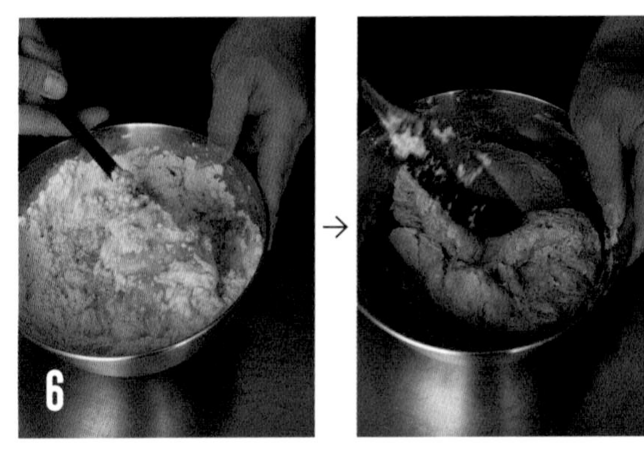

6

以橡皮刮刀將調理盆的麵粉從下往上舀，攪拌到粉狀感完全消失。

→

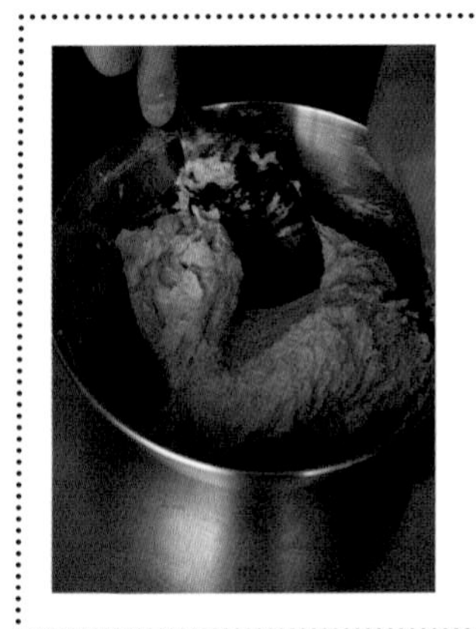

7

在工作台撒上較多手粉。

8

將麵團倒在工作台上。

9

以切刀切下 1 塊外皮面團，重量為 150g。

拍掉工作台上的手粉，放上步驟**9**剩下的主體麵團，將酒漬果乾放在麵團上。

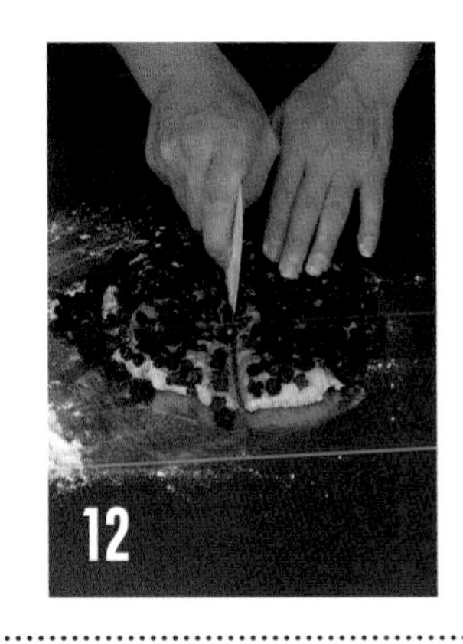

以手按壓，使果乾遍布整個麵團。

以切刀將麵團切成兩半。

將2塊麵團重疊，以手按壓麵團。

以切刀將麵團切成兩半。

將2塊麵團重疊，以手按壓麵團。

揉成溫度27℃

反覆進行4次步驟**12**～**15**的動作。

整型

在工作台撒上較多手粉。

將步驟**16**的麵團放在工作台上。

以手按壓麵團，將麵團弄平整推展開來。

將麵團從左邊往右邊摺疊，摺到右邊的⅓處，以手按壓麵團。

改變麵團方向。

將麵團從左邊往右邊摺疊，摺到右邊的⅓處，以手按壓麵團。

反覆進行 4 次步驟 **20**～**22** 的動作。

雙手握住麵團，將麵團集中成圓形。

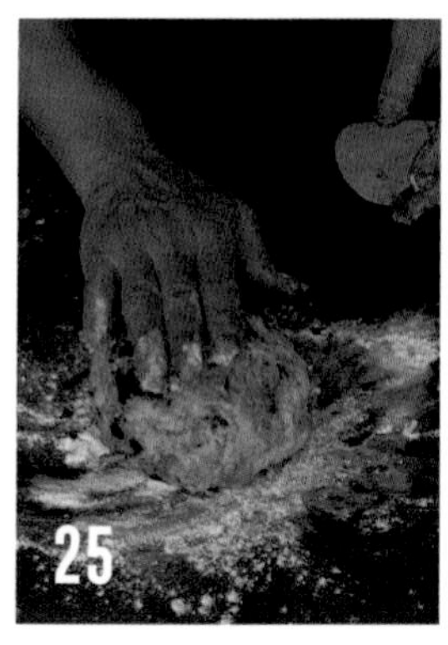

將麵團封口朝下，放在工作台上。

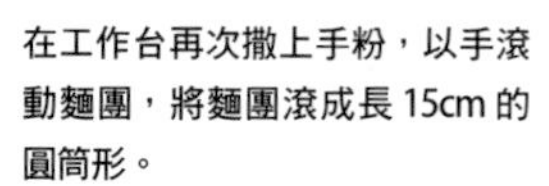

在工作台再次撒上手粉，以手滾動麵團，將麵團滾成長 15cm 的圓筒形。

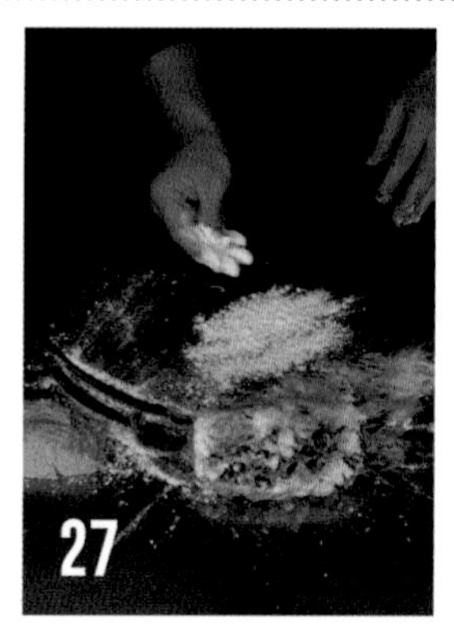

在工作台撒上較多手粉。

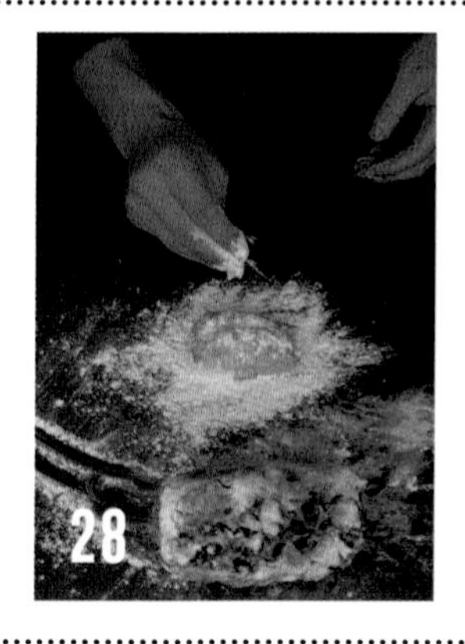

將步驟 **9** 切割好的外皮麵團放在工作台上，麵團也撒上手粉。

以手掌按壓麵團，同時將麵團推展成邊長 15cm 的大小。

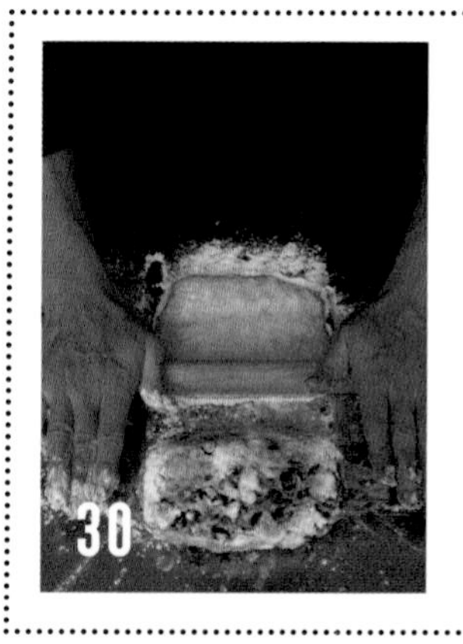

以擀麵棍將麵團滾成邊長 15×20cm 的大小。

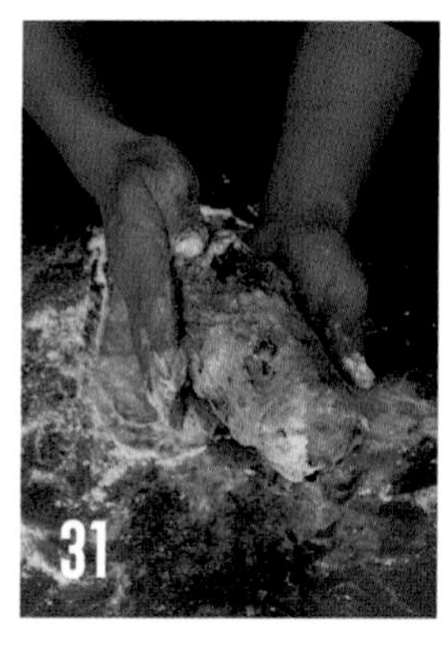

拍掉步驟 **26** 主體麵團的麵粉。

將主體麵團封口朝下，放在步驟 **30** 的外皮麵團上面。

用外皮麵團包住主體麵團並捲起來。

→

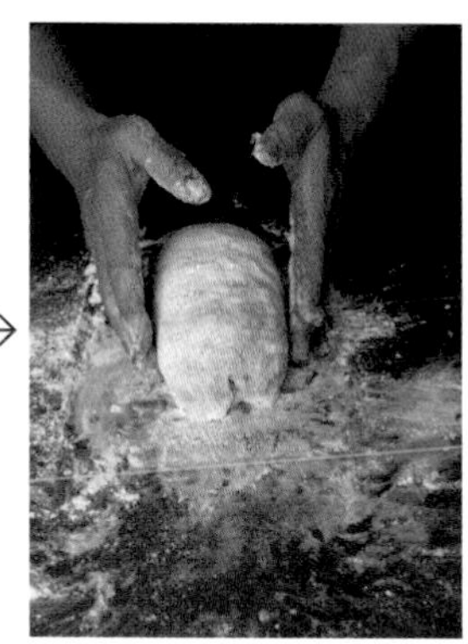

延展麵團左右兩端並封口。

將麵團封口朝下，放入烤模中。

以 4 根手指按壓麵團，將麵團表面壓平。

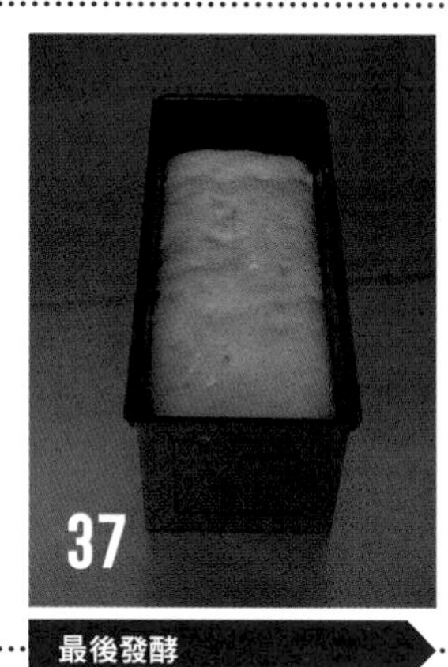

最後發酵

維持 30℃發酵大約 3 小時。

烘烤

以茶葉濾網撒上細磨裸麥全麥麵粉（材料表之外另行準備的）。

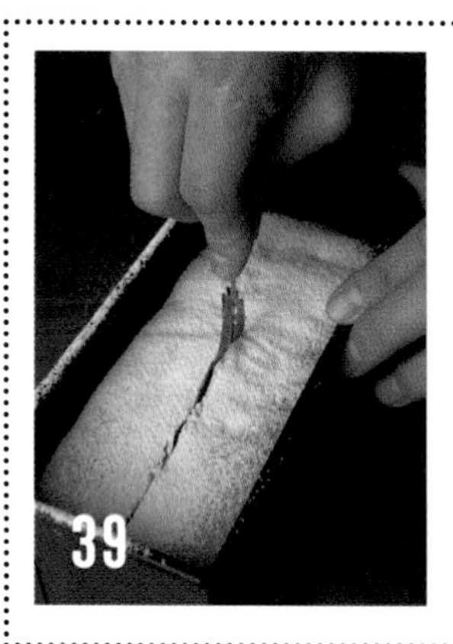

以割紋刀在麵團中央劃出一條深約 5 ～ 8mm 的直線紋路。

將烤模放入已經預熱至 250℃的烤箱中，在烤箱內部邊緣噴 15 次水。設定溫度為 230℃（含蒸氣）烘烤 15 分鐘，接著改變麵團方向，設定溫度為 250℃（不含蒸氣）再烘烤 35 ～ 40 分鐘。

啤酒花種

一般認為啤酒花種原為英國地區所使用的發酵種。
本書使用的是以米麴來發酵、具有日本風味的改良發酵種。
以啤酒令人熟悉的啤酒花香味搭配米麴釀造出來的甘甜滋味，可說是最佳組合。

〈啤酒花種的環境條件〉

① 屏障

啤酒花液體的抗菌效果會使腐敗菌有點難以增殖。

② 養分（營養）

以小麥澱粉、馬鈴薯澱粉、一部分蘋果、米麴、黍砂糖為養分。

③ 溫度

要增加具有發酵力的酵母菌，所以要將溫度設為 27 ～ 28℃。

④ pH 值（酸鹼值）

加入蘋果泥，所以會變成弱酸性的起種，發酵種菌容易增加。

⑤ 氧氣

提供氧氣，使二氧化碳大量增加。

⑥ 滲透壓

不用特別考慮滲透壓。

〈啤酒花種和酸種的差異〉

基本上和酸種相同，但是包含酒種的發酵概念，所以要在所有液體中進行作業。
「啤酒花汁液＋以煮滾的啤酒花汁液攪拌的麵粉＋馬鈴薯泥＋蘋果泥＋（砂糖）＋米麴」。從這裡開始起種，過程就跟酸種一樣，要反覆進行發酵和篩選。因為是液體，所以篩選時要使用攪拌均勻的汁液。和酸種的差異就是透過篩選控制發酵種菌的「數量」。

一開始會從較多分量開始起種，再慢慢減少，但是發酵力會提升，這就是完成的信號。但因為是液體的緣故，微生物容易活躍活動，所以為了避免腐敗菌增加，確實控制 pH 值是很重要的事情。最終標準是 pH3.8 ～ 4.0。

〈啤酒花種的起種材料〉

以煮滾的啤酒花汁液攪拌的麵粉

麵粉的澱粉會成為養分。為了容易收集微生物，必須進行攪拌。藉由啤酒花汁液所含成分，達到抗菌作用和香味的效果。

馬鈴薯泥

馬鈴薯泥的澱粉會成為養分。馬鈴薯泥的作用是作為容易擴散的養分。

蘋果泥

這是要使 pH 值稍微趨於酸性。也會加入來自澱粉的醣類之外的果糖和蔗糖，或視情況加入砂糖。

米麴

酵母菌可能附著於米麴上面，所以米麴的作用是促使酵母菌增加以及促使麴黴菌分解澱粉。

〈啤酒花汁液的作法〉

在麵粉加入的 3 天內，都要使用熱啤酒花汁液。α 化的澱粉容易成為養分，所以容易黏在一起。啤酒花汁液的作法是在小鍋子中放入 4g 的啤酒花果實和 200g 的水，使其煮沸後以小火熬煮至剩下一半的分量（大約 5 分鐘）。

〈啤酒花種的起種方式〉

	第 1 天	第 2 天	第 3 天	第 4 天	第 5 天
啤酒花汁液	40g	25g	12.5g	12.5g	12.5g
高筋麵粉（春之戀）	30g	20g	10g	—	—
馬鈴薯泥	75g	37.5g	37.5g	37.5g	37.5g
蘋果泥	10g	7.5g	5g	5g	5g
水	95g	80g	120g	150g	150g
米麴	2.5g	2.5g	2.5g	2.5g	2.5g
黍砂糖	—	2.5g	2.5g	2.5g	2.5g
前一天的種	—	75g	62.5g	50g	45g

第 1 天的作業

① 在調理盆中放入麵粉和煮滾的啤酒花汁液。

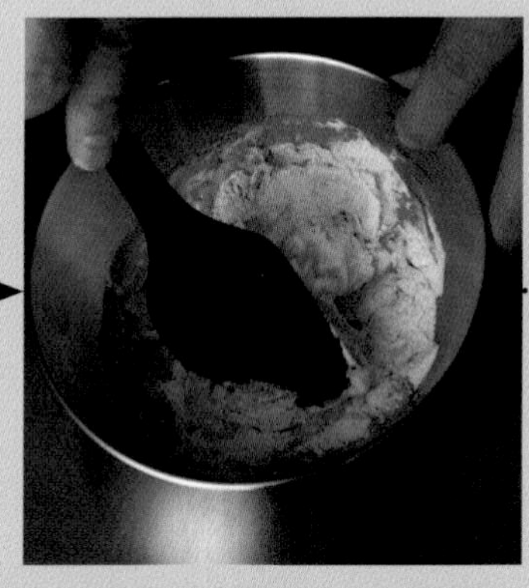

② 以橡皮刮刀攪拌均勻，在常溫中放涼。

③ 在另一個調理盆中放入馬鈴薯泥、削過皮的蘋果泥、適量的水，以打蛋器攪拌均勻。

④ 在步驟③的調理盆中，加入步驟②調理盆的材料，並以橡皮刮刀攪拌均勻。

⑤ 一邊將米麴搓開，一邊放入步驟④的調理盆中，並攪拌均勻（攪拌完成溫度為 27℃）。

⑥ 將材料放入保存容器中，放入 28℃ 的發酵箱。每 6 小時攪拌 1 次。

攪拌完成溫度 27℃

發酵溫度 28℃

第 1 天結束時，只能看到些許氣泡，但是味道非常臭。

和第 1 天進行同樣作業。但是在第 1 天的步驟③要加入黍砂糖並攪拌均勻。確實攪拌前一天製作的種，以茶葉濾網過濾後，在步驟⑤的最後階段加入（攪拌完成溫度為 27℃）。每 6 小時攪拌 1 次。第 2 天結束時，氣泡會比第 1 天多一點，味道依然很臭。

和第 2 天進行同樣作業。第 3 天結束時，氣泡會比第 2 天再多一點，但味道趨向溫和。

和第 1 天進行同樣作業，但是不進行步驟①的動作，取代步驟②的動作是在常溫的啤酒花汁液中加入黍砂糖並攪拌均勻。每 6 小時攪拌 1 次。第 4 天結束時，產生的氣泡會比第 3 天的氣泡小，會出現酒味和酸味。

和第 4 天進行同樣作業。氣泡和第 4 天一樣會有些微增加。酒味和酸味趨向溫和，可以聞到啤酒花和米麴均勻混合的香味，這樣就完成了。這個狀態是在第 5 天完成，但也可能在第 4 天或第 6 天完成。啤酒花種完成後可以在冰箱存放 1 ～ 2 天。

使用啤酒花種製作的

吐司麵包

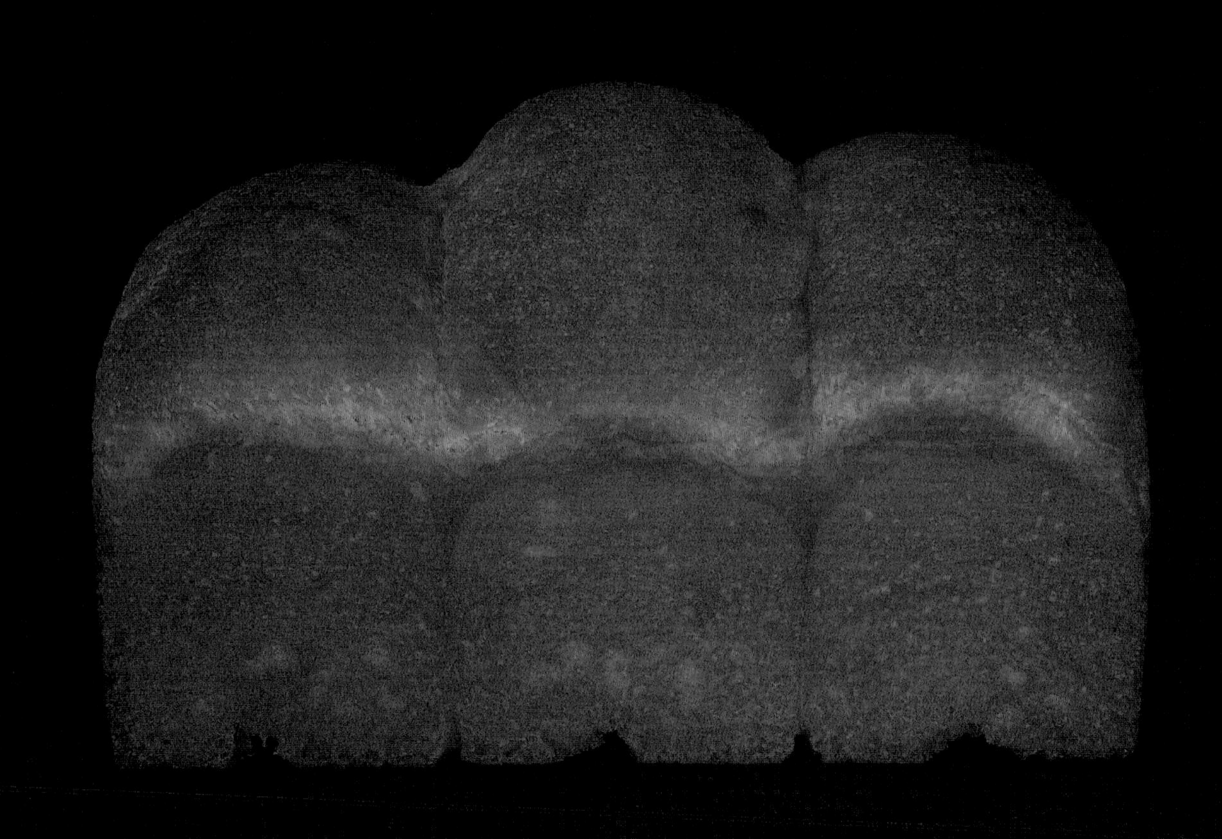

這款麵包使用的啤酒花種加入了日本獨特的米麴。

可以從和小麥很對味的啤酒花香味，以及讓人聯想到甜酒的隱約甜味中，

品嘗到軟軟 Q 彈的口感。

材料　吐司麵包烤模 1 個

		烘焙百分比％
高筋麵粉（春豐 Blend）	200g	80
高筋麵粉（北方之香 100）	50g	20
＊麵粉要放入塑膠袋秤重。		
啤酒花種 P123	50g	20
A		
海人藻鹽	4.5g	1.8
黍砂糖	12.5g	5
水	150g	60
Total	467g	186.8

手粉（高筋麵粉）………… 適量

製作流程

攪拌
揉成溫度為 23℃
↓
第一次發酵
設定 28℃　5～6 小時
↓
分割／滾圓
3 等分
↓
靜置醒麵時間
在室溫下靜置 10 分鐘
↓
整型
↓
最後發酵
設定 32℃　約 2 小時
↓
烘烤
以 210℃（不含蒸氣）烘烤 15 分鐘
→以 210℃（不含蒸氣）烘烤 3 分鐘

關鍵

不要讓麵團溫度下降，要使發酵力強大的酵母優先發酵。若以較高的溫度發酵，就能做出鬆軟的口感。

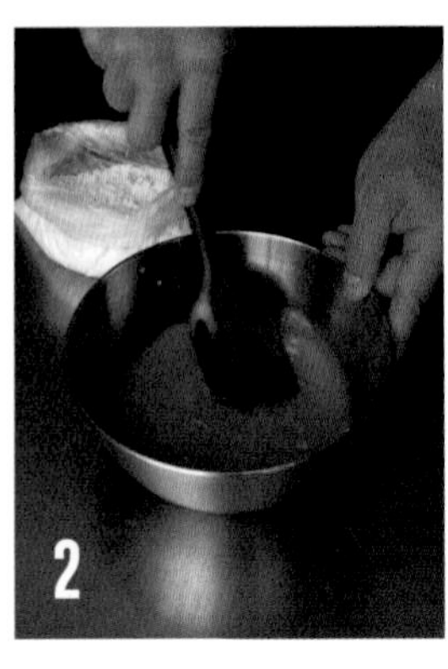

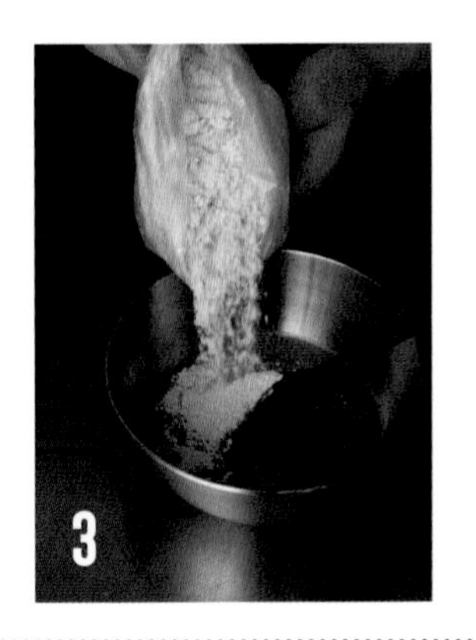

→

攪拌

在調理盆中放入材料 A，再加入啤酒花種。

以橡皮刮刀將材料攪拌均勻。

加入麵粉。

以橡皮刮刀將調理盆的麵粉從下往上舀，攪拌到粉狀感完全消失。

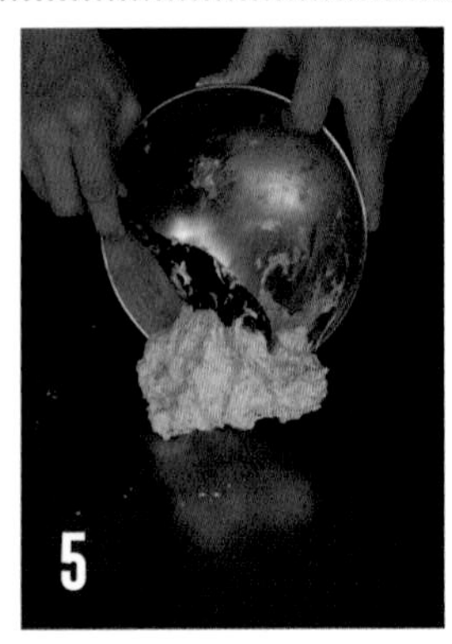

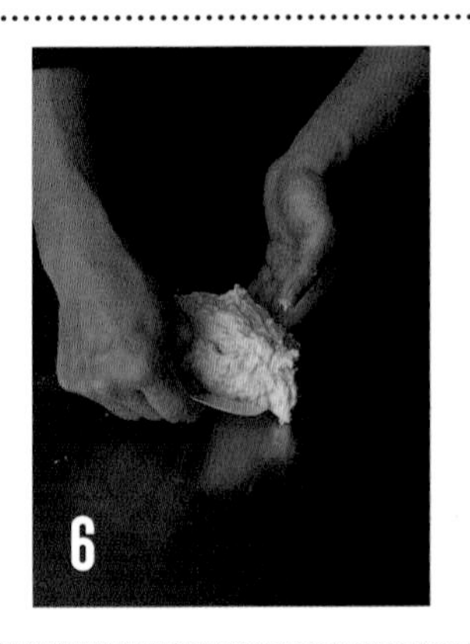

將麵團倒在工作台上。

以切刀將麵團從外側鏟到自己手邊。

改變麵團方向。

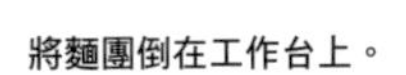

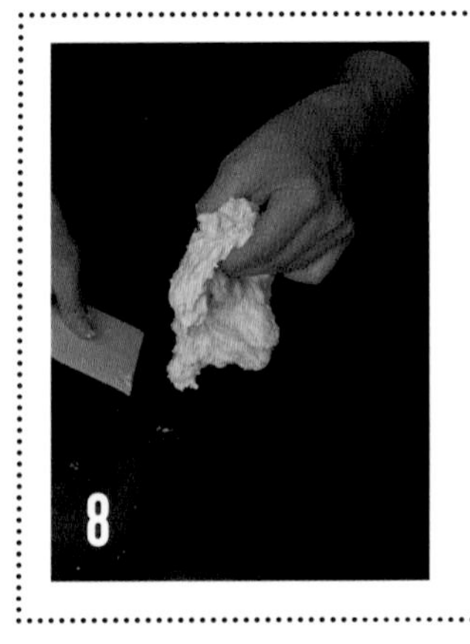

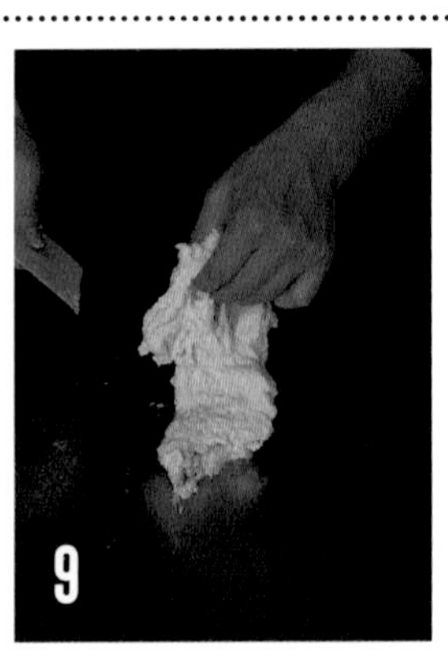

揉成溫度 23℃

拿起麵團。

將麵團朝工作台摔打。

將麵團摺成 2 層。靜置 30 秒。

步驟 **6～10** 的動作共做 8 組，每組做 6 次。

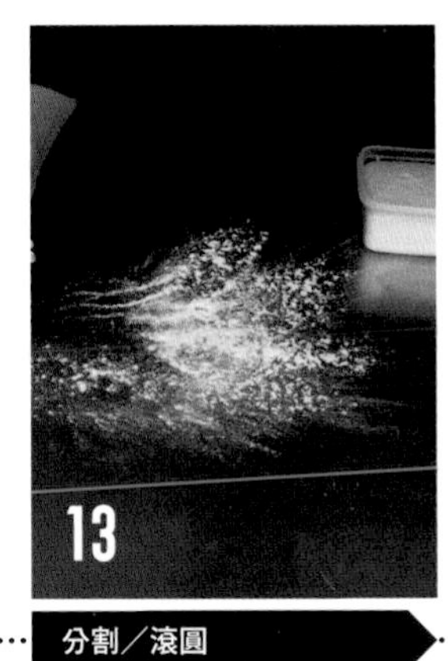

第一次發酵

將麵團放入容器中，蓋上蓋子，維持 28℃發酵 5 ～ 6 小時。

發酵後。

分割／滾圓

在工作台撒上較多手粉。

麵團也撒上較多手粉。

將切刀插入容器四側邊緣。

將容器倒過來，把麵團倒在工作台上。

以切刀將麵團切成 3 等分，秤重調整成相同重量。

將麵團從左右往中央摺疊。

將下方麵團的兩角往內側摺疊。

將下方麵團往中央摺疊。

將上方麵團的兩角往內側摺疊，再將摺疊後的上方麵團往中央摺疊。

以手指按壓麵團摺疊交界並封口。

將麵團封口朝下放在工作台上。剩下的 2 個麵團也按照步驟 **18～23** 的動作處理。

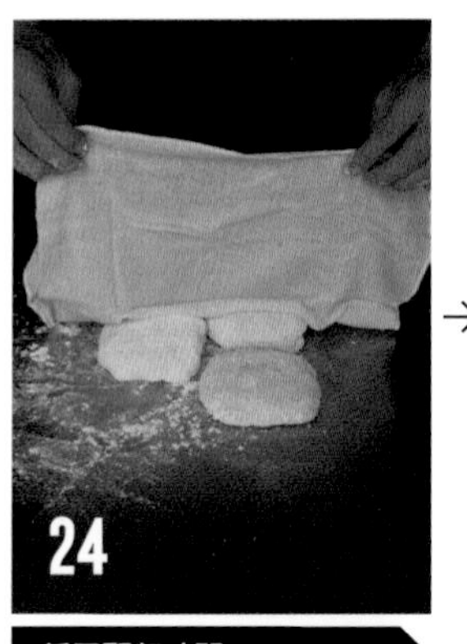

靜置醒麵時間

替麵團蓋上濕布，在室溫下靜置 10 分鐘。

→

靜置醒麵時間完了後。

整型

在工作台輕輕撒上手粉。

將麵團封口朝上放在工作台上。

雙手交叉，右手捏起麵團左下角，左手捏起麵團右下角。

交叉的雙手恢復原位，扭轉麵團。

將下方麵團往中央摺疊。

雙手交叉，左手捏起麵團右上角，右手捏起麵團左上角，交叉的雙手恢復原位，扭轉麵團。

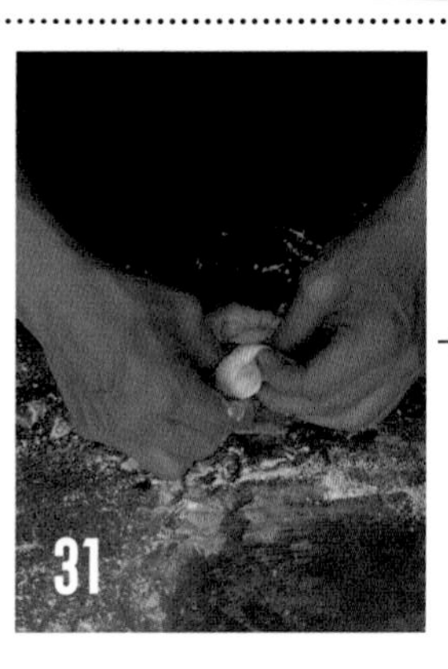

將上方麵團往中央摺疊。

→

32

以手指按壓摺疊處。

改變麵團方向。

將上方麵團往下摺疊到下方的⅓處。

將下方麵團從上方摺疊。

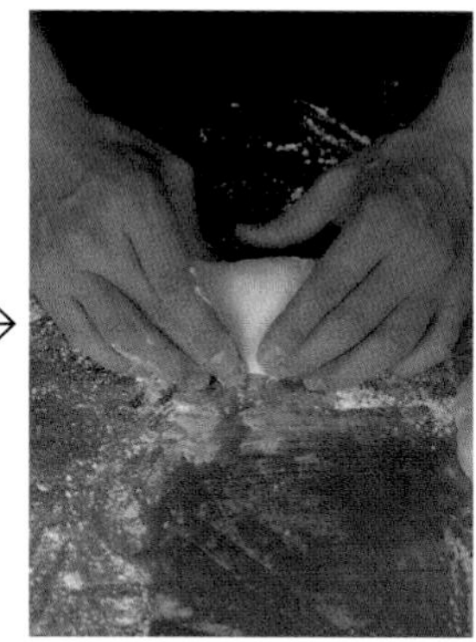

將摺疊的地方塞入麵團下側。

將麵團封口朝下，調整成圓柱形。剩下的 2 個麵團也按照步驟 **27**～ **37**的動作處理。

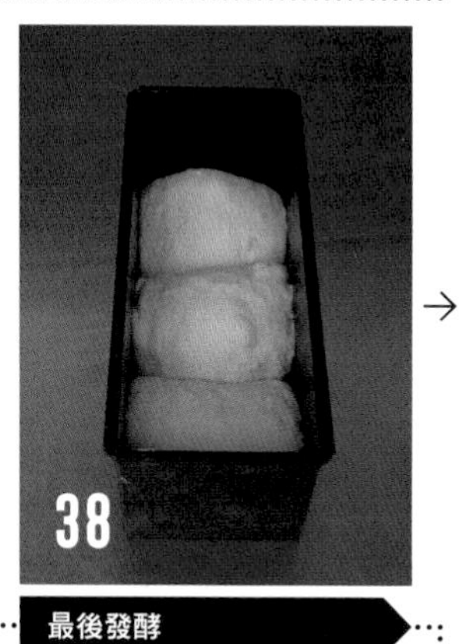

最後發酵

將 3 個麵團放入烤模中，維持 32℃發酵大約 2 小時。

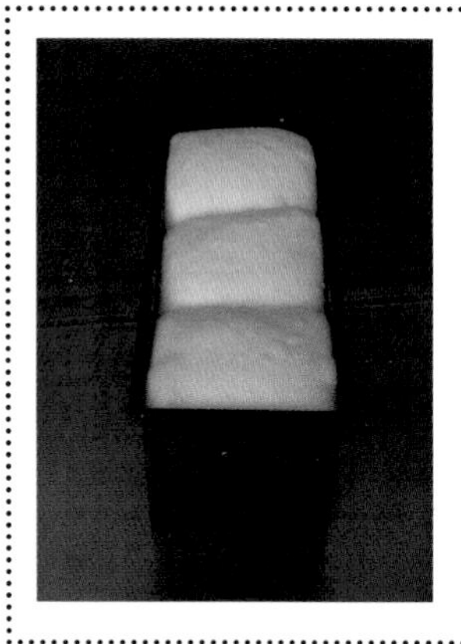

發酵後。發酵完成的標準是麵團上方膨脹到快要超出烤模的高度。

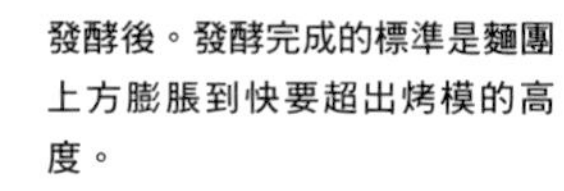

烘烤

將烤模放入已經預熱至 210℃的烤箱中，設定溫度為 210℃（不含蒸氣）烘烤 15 分鐘，接著改變麵團方向，設定溫度為 210℃（不含蒸氣）再烘烤 3 分鐘。

從麵包剖面獲得的資訊

若觀察剛烤好的麵包剖面， 就能掌握麵包氣泡和麵團膨脹方式等狀態。 一起來比較看看這些麵包的氣泡大小、 散布方式、 麵團膨脹方式以及飽滿程度吧。

使用水果種（新鮮水果）製作的

黑麥麵包

⇒作法請參考 P40 ～

原本是內層很難產生大氣泡的麵包。但是在分割／滾圓時有扭轉麵團，所以產生的氣泡會如同法國麵包的氣泡大小。

使用水果種（乾燥水果）製作的

綜合果仁麵包

⇒作法請參考 P46 ～

綜合果仁麵包是直接使用水果種的液體製作，所以麵團的骨架很脆弱。但是從尚未碎裂極為脆弱的內層來看，會發現麵團的重量發揮作用，使滿滿的果乾和果仁能均匀分布。此外，也能看出外皮麵團輕薄柔軟地推展開來。

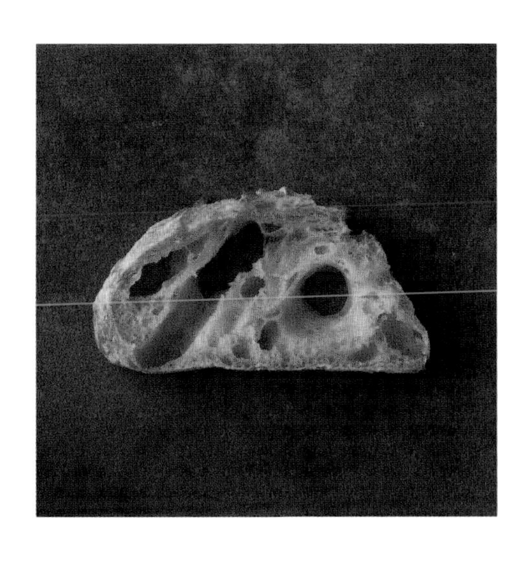

使用酒種（酒粕）製作的

麻糬麵包

⇒作法請參考 P54 ～

在加入大量水分的麻糬麵包麵團中，使用酒粕的酒種，就會產生由大量澱粉分解酵素所形成的甜味，但也因為大量水分的緣故，麵團會變得水水的、容易碎裂。可以看出經過翻麵扭轉後的麵團骨架，極力往割紋處延展。

使用酒種（米麴）製作的

蜂蜜奶油麵包

⇒作法請參考 P60 ～

可以看出在分割／滾圓時經過扭轉的中心部位沒有碎裂，仍然向周圍延伸擴展的樣子。

使用優格種（含麵粉）製作的

發酵糕點

⇒作法請參考 P68 ～

這款麵包的訴求是避免內層乾燥、能長期存放，從剖面可以發現與其稱為麵包，還比較像是充滿內餡的濕潤餅乾。

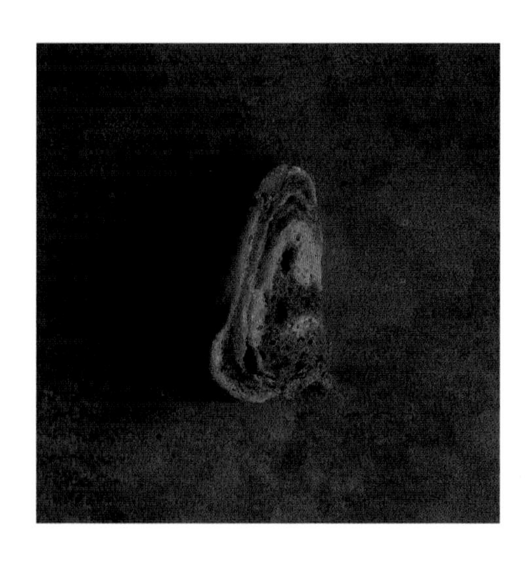

使用優格種（含麵粉）製作的

庫克洛夫

⇒作法請參考 P74～

可以清楚看到這種麵包利用庫克洛夫烤模的特徵，麵團往照片下方延展的樣子。此外，從大理石花紋可以瞭解整型時外側的原味麵團和內側的巧克力麵團的強大張力。

使用魯邦液種製作的

鄉村麵包

⇒作法請參考 P94～

沒有大氣泡，但是氣泡並沒有消失，而是散布在整個麵包。可以看出為了避免割紋過於明顯，麵團在烤箱中向各個方向延展的樣子。

使用魯邦液種製作的

石疊麵包

⇒作法請參考 P100～

從稍微橫向散布的氣泡，可以看出整型時麵團重疊的樣貌。因為放入大量南瓜泥，所以也能發現內層沒有變成容易碎裂的情況。

使用裸麥酸種製作的

斯佩爾特小麥麵包

⇒作法請參考 P108～

預先處理過的斯佩爾特小麥顆粒，使麵包產生柔軟有嚼勁的口感。因為整型時一邊改變麵團方向，一邊摺疊數次的緣故，可以看出氣泡大小從中心往外側慢慢變大。也能發現加在裸麥酸種當中，短時間內能確實膨脹的即溶乾酵母有充分發揮作用。

使用裸麥酸種製作的

水果麵包

⇒作法請參考 P114～

雖然原本是骨架脆弱的麵團，但是經過裸麥酸種變成中種（元種）的發酵過程後，可以看出發酵力有稍微提高。氣泡雖然很小容易破掉，但因為整型後放入烤模的緣故，可以發現氣泡並沒有破碎。

使用啤酒花種製作的

吐司麵包

⇒作法請參考 P124～

啤酒花種和酒種一樣有加入一點米麴，發酵力比酒種稍弱。但是因為澱粉分解酵素存在的緣故，增加了些許甜味。從麵包剖面可以發現麵團變得潮濕水潤。

材料和工具

要做出接近職人等級麵包的工具，有幾個專業用品，不過大部分的工具以平常使用的即可。在此介紹幾樣希望大家一定要備妥的工具。另外，材料部分將會介紹本書所使用的主要材料。

大型工具

發酵箱

麵團發酵時使用的機器。因為下層有附設底盤，將水（或熱開水）倒入後，能保持麵團濕度，避免表面乾燥、保持濕度。這是摺疊型且方便收納的機型。

「可清洗、摺疊收納的發酵箱 PF102」
內部尺寸：
約寬 43.4 × 深 34.8 × 高 36cm ／
日本 KNEADER

冷熱兩用冰箱

麵團發酵時使用的機器，溫度設定範圍為 5 ～ 60℃。和發酵箱相比，在設定溫度上容易產生誤差，但是可以作為麵團長時間靜置時的陰涼場所來使用，所以相當方便。

「攜帶型冷熱兩用冰箱 MSO-R1020」
內部尺寸：
約寬 24.5 × 深 20 × 高 34cm ／
Masao Corporation（進口商）

電烤箱

推薦使用附設過熱蒸氣功能的電烤箱。可以設定有蒸氣和無蒸氣兩種模式，所以相當方便。也可以使用瓦斯烤箱，但是在設定溫度和時間方面會有些許差異。本書使用的是電烤箱。

小型工具

保存容器

發酵或保存「種」時使用的容器。推薦使用可以清楚看到內容物的玻璃製保存容器。也可以使用半透明的密閉容器。

pH 值（酸鹼值）檢測計

起種時用來測量 pH 值（酸鹼值）的工具。

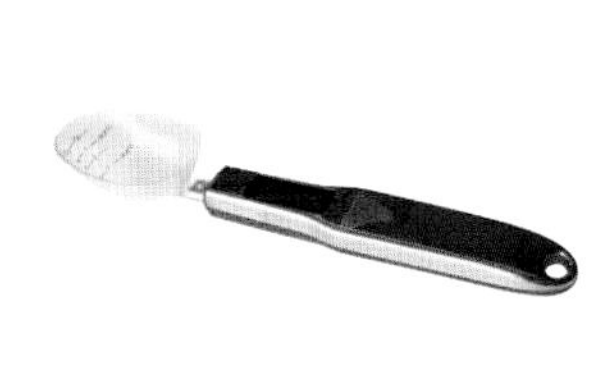

微量湯匙秤

湯匙型磅秤。要秤重少量酵母時非常方便。

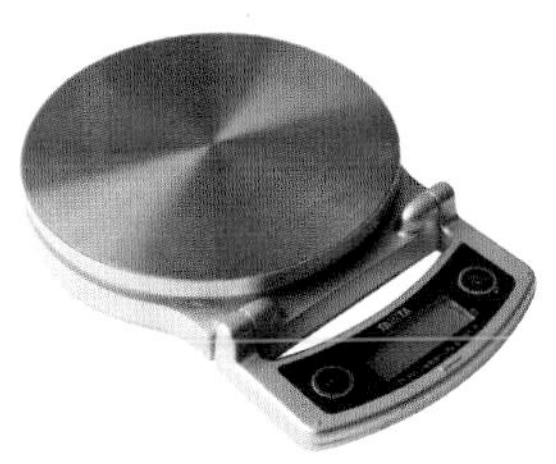

磅秤

最小可測量到 0.1g，用來測量麵粉等材料。

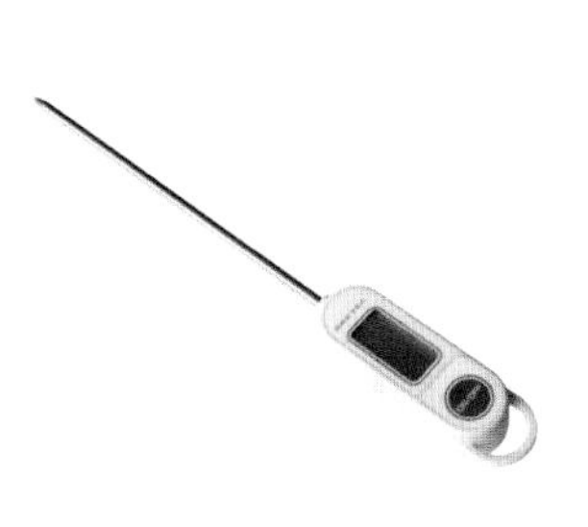

食品溫度計

測量揉成溫度時，只要將食物溫度計插入麵團，就能測量到麵團內部溫度。

放射溫度計

在不接觸麵團的情況下就能測量麵團溫度，用來確認揉成溫度和發酵溫度。

密閉容器

麵團發酵時使用的容器。也可以使用半透明的容器。

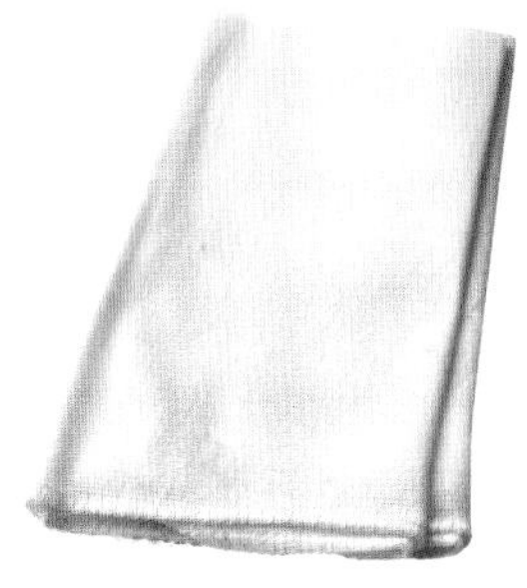

布巾

建議使用網眼大的布巾。製作鄉村麵包（P94）時會使用布巾。

調理盆

用來攪拌、揉製麵團。

橡皮刮刀

用來攪拌麵團。

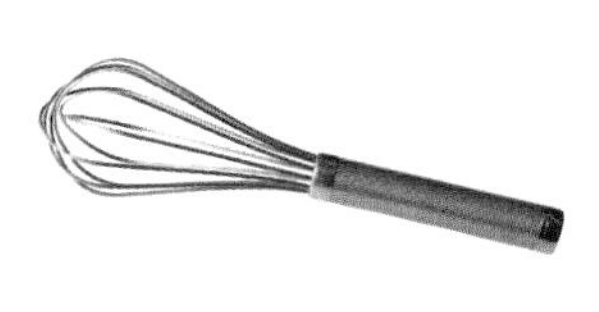

迷你攪拌器

用來攪拌少量液體。

切刀

用來鏟起、集中及切割麵團。

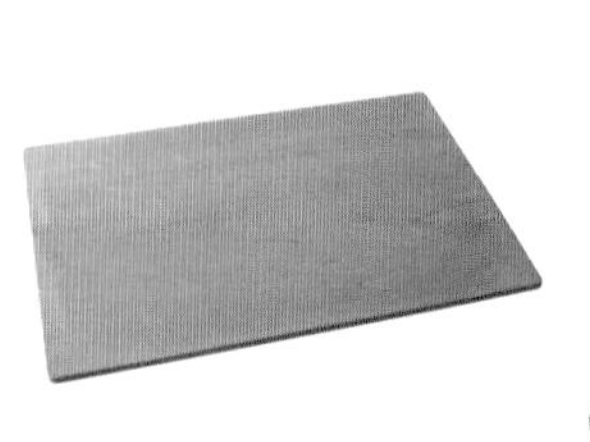

揉麵板

推展麵團、切割、整型時使用的工具。

擀麵棍

用來推展麵團。

刷子

用來塗抹油或蛋液等材料。

茶葉濾網

在最後步驟用來撒粉的工具。

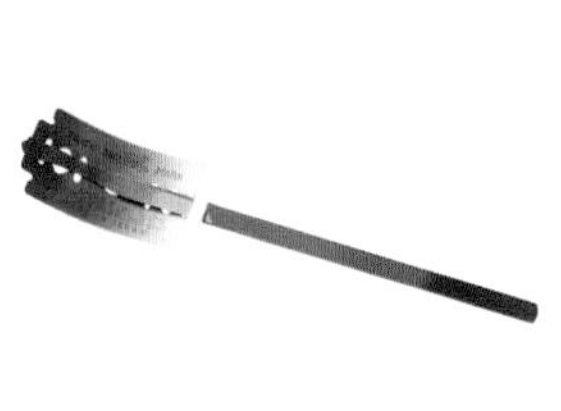

割紋刀

替麵團刻劃紋路時使用的工具。

烤盤紙

將麵團放在烤盤烘烤時，要先在麵團下方鋪設烤盤紙。

冷卻架

用來冷卻烘烤完成的麵包。

噴霧器

烘烤時噴灑烤箱內部的工具。

模型

吐司麵包烤模

也稱為「1 斤吐司烤模」。內部尺寸約長 20 × 寬 8 × 高 8cm。烘烤水果麵包（P114）和吐司麵包（P124）時，會使用這種烤模。

長型磅蛋糕烤模

內部尺寸約長 20 × 寬 5.5 × 高 5.5cm。烘烤綜合果仁麵包（P46）和蜂蜜奶油麵包（P60）時，會使用這種烤模。

庫克洛夫烤模

這是直徑 12 × 高 7cm 的陶器烤模（MATFER 公司）。烘烤庫克洛夫（P74）時會使用這種烤模。

材料

粉

ⓐ小麥全麥麵粉、ⓑ麵粉、ⓒ丁克爾（斯佩爾特）小麥麵粉、ⓓ粗磨裸麥全麥麵粉、ⓔ細磨裸麥全麥麵粉。要根據希望製成的種和麵包來使用。

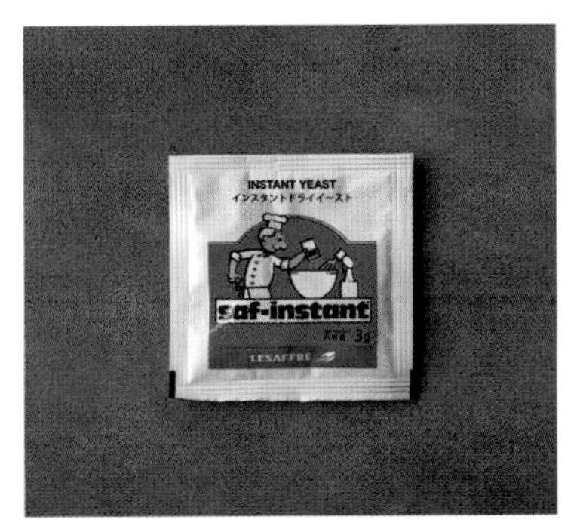

即溶乾酵母

可以直接使用非常方便。具有穩定的發酵力。本書使用的是法國 Lesaffre（樂斯福）公司製造的 Saf-instant（RED）（燕子牌即發乾酵母紅裝）。

鹽

推薦使用含有大量礦物質的天然鹽。本書使用的是「海人藻鹽」（蒲刈物產）。

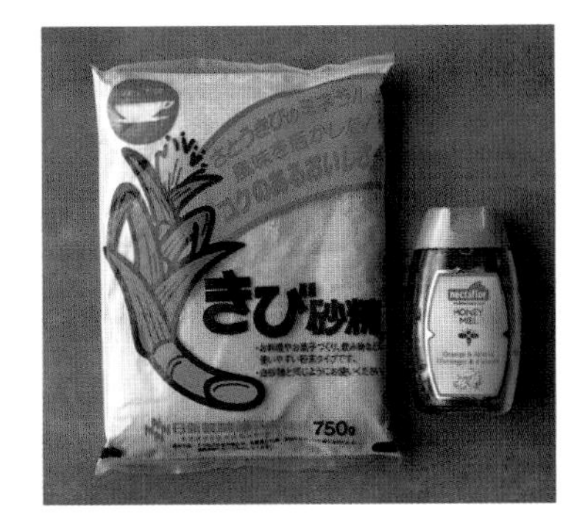

糖類

使用容易溶解的顆粒類型或液體類型。要根據麵包種類選擇適合的類型。

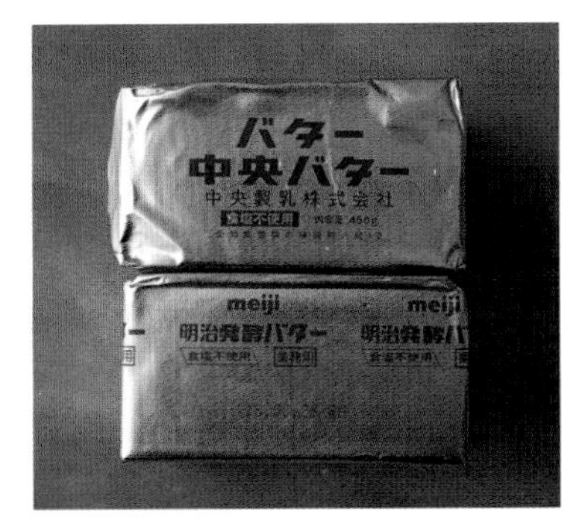

奶油

使用不須調整鹽分、不添加食鹽的奶油。此外也推薦使用風味絕佳的發酵奶油。

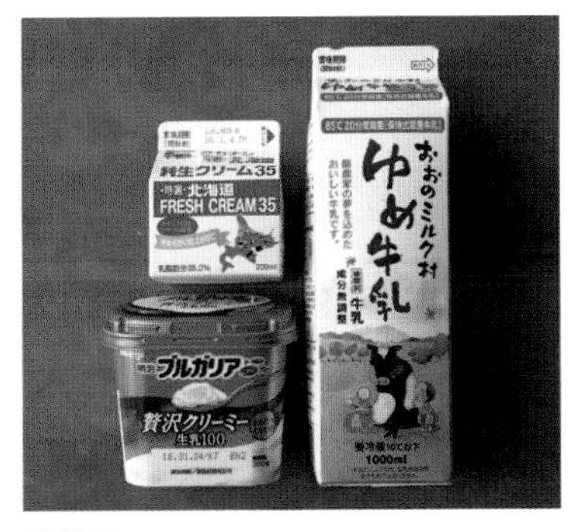

乳製品

鮮奶油是使用乳脂肪 35％的產品。優格是使用原味優格。牛奶則是使用成分無調整的產品。

麥芽精

本書使用的是容易溶於水的糖漿型麥芽精。麥芽精能使酵母盡快充滿活力、分解麵粉的澱粉。

如何保存完成的種

B 類型 的發酵種

使用發酵力強大的麵包酵母製作的發酵種，完成後要立刻放入冰箱保存，並將溫度調低到 4℃，避免它們繼續增殖。如果溫度調得太低，使麵團結凍的話，水變成冰後就會增加體積，可能會出現酵母菌受損，部分死亡的情況。此外，若急速調降溫度，酵母菌死亡的可能性會更加提高。

另外，保存期間一旦變長，酵母菌的活性就會減弱，由於酵母菌以外的微生物發揮作用，可能會產生酸味，所以要盡量在 24 ～ 48 小時內用完。如果要冷凍保存，請將發酵種放入冰箱完全冷卻後，再急速冷凍。即使這樣做，也還是會有部分酵母菌死亡，若期待此類型發酵種的發酵力，在製作主麵團時，就必須稍微增加酵母的用量。

C 類型 的發酵種

發酵力微弱、帶有酸味的發酵種，是以保存複數微生物的平衡為最優先考量，所以不能選擇容易造成死亡的冷凍保存。一邊確認 pH 值和味道，慢慢地將溫度降低到 4℃，若酸味變強，就要進行續種（取出一些乳酸菌增加過多的種，加入麵粉和水稀釋。透過這個步驟使微生物有活力），但酸味的強弱還是取決於個人喜好。

若想要延長續種時機的期間，則分成加入 1 ～ 2%的鹽和降低水分活性這 2 種模式，降低水分的方法有 2 種。方法之一是平常續種時，加入大量麵粉，使其變成「非常硬的種」，為了避免微生物活動，要放入不易破掉的塑膠袋中，用布巾包裹塑膠袋後，再用繩子一圈一圈綁起來（如照片所示）。綁起來的理由是，即使變成「非常硬的種」，微生物還是存活著，發酵會緩緩進行，慢慢開始膨脹。如此一來微生物就會開始活動，所以要將其牢牢固定。

另一個方法則是不做成「非常硬的種」，而是做成「碎碎鬆軟的種」。這個作法要添加麵粉，以篩子撒上麵粉，使種變得細緻乾燥。如此一來，就能比「非常硬的種」保存更久。此外，若是葡萄乾種和酒種等液態發酵種，因為隔絕氧氣進入，可以讓乳酸菌和酵母菌持續處於優勢環境，所以液體表面和容器蓋子之間，要盡量避免出現空隙，再放入冰箱保存。

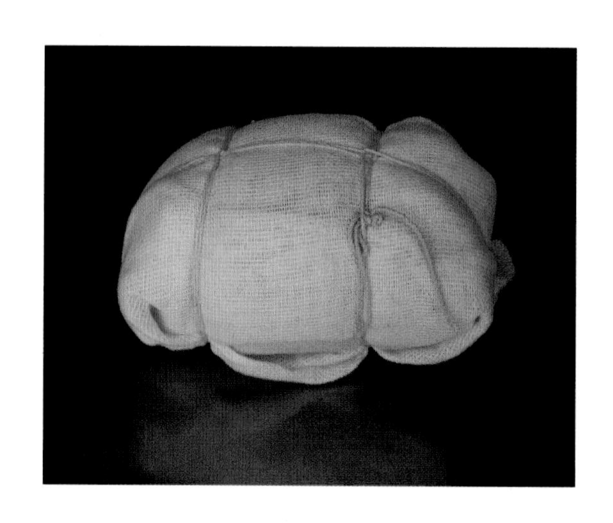

製作麵包常見 Q&A

Q. 起種水果種時，有不適用的水果嗎？

A. 基本上水果大多是酸性，所以所有水果都可以起種。但是就算能夠起種，若是使用富含蛋白質分解酵素的鳳梨、奇異果、芒果、木瓜、哈密瓜、梨子、酪梨來起種，將這些水果種加入麵團時，若經過的時間越久，好不容易揉成的骨架就越容易崩解，可能會做出變形碎裂的麵包，所以要盡量避免使用這些水果。

Q. 酒種（米麴）起種（參考 P53）時，為什麼除了米飯之外，還要加入米？

A. 因為想要增加可能會附著在米周圍的發酵種菌。源自於米的發酵種菌增加後，酒種的美味程度和風味也會大幅提升。

Q. 最近很受歡迎的甜酒無法作為發酵種嗎？

A. 甜酒是將麴和米飯放置在 60℃的環境中，酵素活動會變得很活躍，能分解米飯的澱粉，但是含有酵母菌的發酵種菌會死亡。所以甜酒可以作為增加甜度和美味的調味料，但是無法作為發酵種。

Q. 酒種續種時，可以使用糙米嗎？

A. 可以使用糙米，但若是沒有脫殼的糙米，還包覆一層外皮，當中的澱粉就難以成為養分，所以請使用「五分糙米（譯註：碾米程度磨除 50％）」這類稍微露出內層的糙米。

Q. 酒種續種時，可以使用冷凍的米飯嗎？

A. 當然可以，但是請用微波爐等器具加熱到 60℃以上，將澱粉 α 化後再使用。因為澱粉一旦 α 化，澱粉之間就會產生空隙，富含大量水分，酵素就容易進行活動。這個道理類似於「和硬的米飯相比，軟的米飯比較容易消化」。

Q. 為什麼魯邦種起種（參考 P93）時，不是使用小麥全麥麵粉，而是使用裸麥全麥麵粉？

A. 雖然也可以使用小麥全麥麵粉起種，但是就我的經驗來看，裸麥全麥麵粉比較能在初期階段增殖發酵種菌，所以使用裸麥全麥麵粉。

Q. 裸麥酸種起種（參考 P107）時，為什麼分別使用了粗磨裸麥麵粉和細磨裸麥麵粉？

A. 細磨裸麥麵粉經過數次研磨，所以因摩擦生熱造成的損傷會比粗磨裸麥麵粉還要多。起種時，附著在裸麥上的微生物盡量多一點比較好，故一開始先使用粗磨裸麥麵粉。但也因為這個緣故，容易變成酸味強烈的裸麥酸種，所以後半段要使用細磨裸麥麵粉，完成時就會產生溫和香味和柔和酸味。

Q. 起種時，若很難將連續幾天的發酵溫度都維持在 28℃的話，可以放置在室溫下嗎？

A. 可以，不過重要的是必須將室溫維持在穩定溫度。若室溫不穩定，天然的發酵力和酸味、美味等情況就會失衡，要特別注意這一點。一般來說，靜置於低溫環境時，酸味會有變強的傾向。若要挑戰製作各種發酵種，統一存放於冰箱的話，就不用擔心溫度管理的問題。

Q. 完成的發酵種要經過多少時間才能進行續種？

A. 若要定期續種的話，隨時都可以續種。但是續種時，要讓酸味程度、美味和發酵力等情況都處於穩定狀態，就必須進行溫度管理和 pH 值管理等作業。不要受限於時間，請盡量透過五感調整控制，做出自己喜歡的發酵種。

Q. 變酸的發酵種就無法再使用嗎？

A. 還是可以使用，但是最好進行續種（取出一些乳酸菌增加過多的種，加入麵粉和水稀釋。透過這個步驟使微生物有活力）。續種時要比平常還要早一點進行確認，一旦酸味變強，請馬上再進行一次續種。盡量避免在酸味很強的狀態下直接放入冰箱保存，要特別注意這一點。

Q. 要出去旅行時，可以將起好的種靜置幾天不管嗎？

A. 雖然保存期限也會根據發酵種而有所差異，但通常可以在冰箱存放3～4天。若要存放3～4天以上，建議在製作麵包的2～3天前，先進行續種（P140）後再使用。

Q. 冰箱有存放納豆，發酵種可以和納豆一起存放於冰箱嗎？

A. 雖然大家常說「納豆菌非常強大，發酵種菌會輸給納豆」，但是只要將發酵種菌放在密閉容器內，就不用那麼在意這個問題。不過密閉容器的周圍可能會附著納豆菌，所以打開蓋子前，若先以清水沖洗整個容器，就不用擔心這種情況。

Q. 發酵種可以冷凍保存嗎？

A. 最好盡量不要採取冷凍保存的方式。含有大量水分的發酵種一旦冷凍的話，水的體積膨脹後，對發酵種菌造成的損害就會增加，可能會受損死亡。

Q. 放置發酵種的密閉容器，最好每次使用時都進行消毒嗎？

A. 如果有用水清洗乾淨，就不需要消毒。如果發現發霉情況，請用氯氣殺菌或熱水消毒後再使用。

Q. 製作麵包時會提到「揉成溫度」這個名詞，若揉成時沒有達到這個溫度，應該怎麼辦？

A. 麵團量很少而揉成溫度很高時，將麵團放在淺盤上壓平，插入食物溫度計後放入冰箱，若揉成溫度下降，就重新整理麵團再放入密閉容器使其發酵。相反地，若揉成溫度很低時，將麵團放在淺盤上壓平，插入食物溫度計後以40℃左右的開水淋燙，達到揉成溫度後，重新整理麵團再放入密閉容器使其發酵。

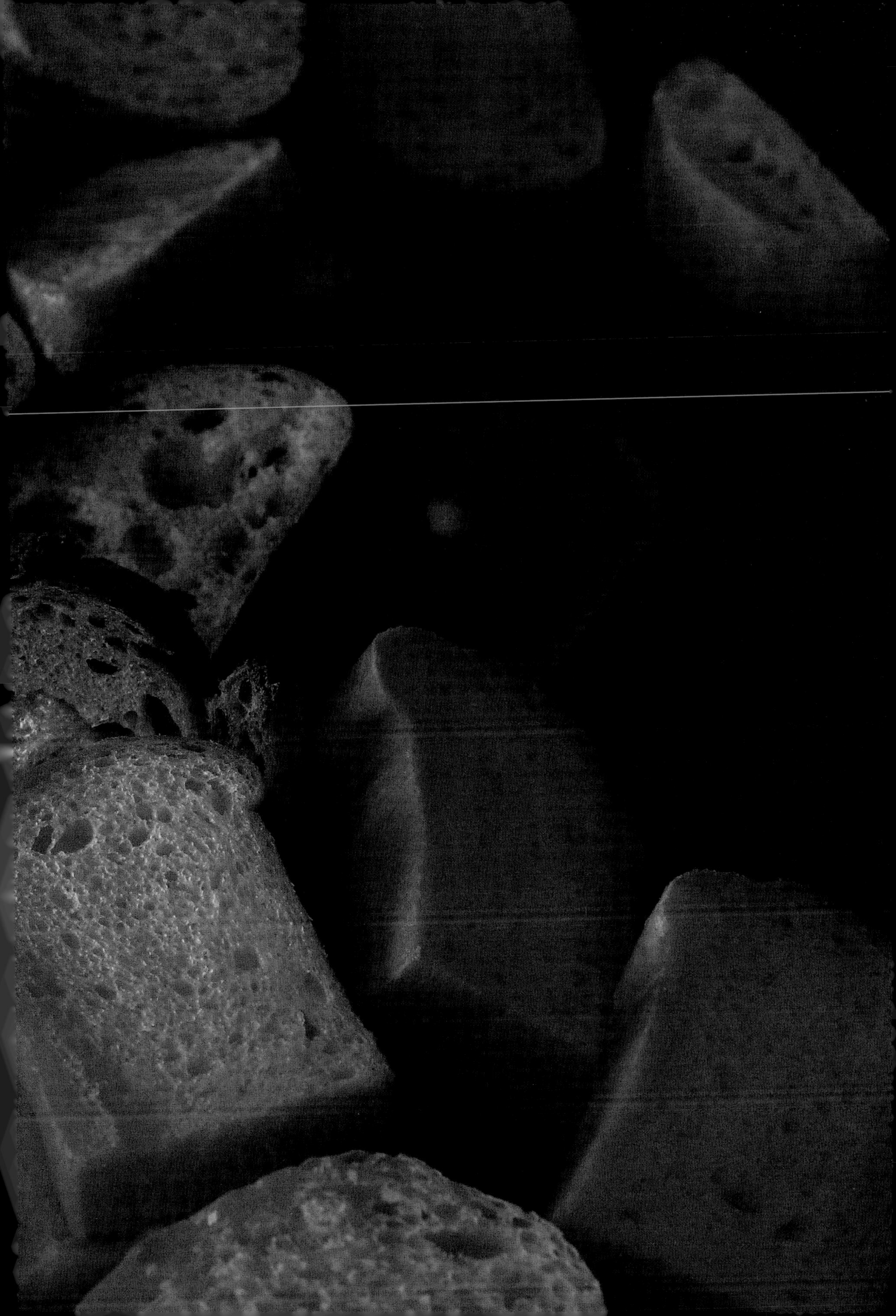

PROFILE

堀田誠 Hotta Makoto

1971年生。經營麵包教室「Roti-Orang」，並擔任「NCA名古屋傳播藝術專門學校」兼任講師。高中時期在瑞士姑母家吃到黑麵包後大受感動，加上大學時期在酵母研究室學習相關知識，開始對麵包產生興趣，便進入販售營養午餐麵包的大型麵包工廠工作。經由麵包工廠同事介紹，認識了經營「Signifiant Signifié」(東京／三宿)的志賀勝榮主廚，開始踏上正統麵包烘焙之路。之後與志賀主廚的3名徒弟一同開設麵包咖啡店「Orang」。隨後因為參與「JUCHHEIM」公司設立新店舖的工作，又再次師事於志賀主廚。在「Signifiant Signifié」工作3年後，也就是2010年時，開始經營麵包教室「Roti-Orang」(東京／狛江)。著有《「鑄鐵鍋」免揉歐式麵包》、《麵包職人烘焙教科書》、《從優格酵母養成開始！動手作25款甜鹹麵包》等書籍。

http://roti-orang.seesaa.net/

【材料協力】

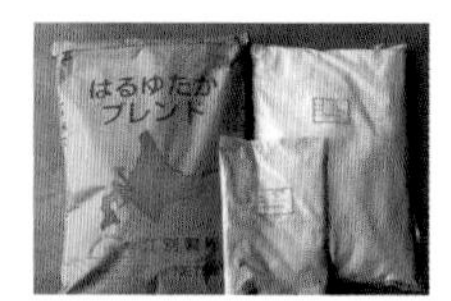

寿物産 株式会社
http://www.kotobuki-b.com/

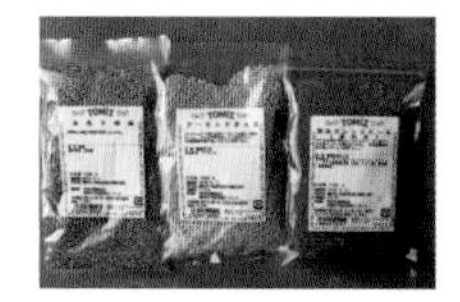

TOMIZ(株式会社 富澤商店)
オンラインショップ：https://tomiz.com/

日本ニーダー株式会社
https://kneader.jp/

TITLE

發酵：麵包「酸味」和「美味」精準掌控

STAFF

出版	瑞昇文化事業股份有限公司
作者	堀田誠
譯者	邱顯惠
總編輯	郭湘齡
文字編輯	徐承義　蔣詩綺　李冠緯
美術編輯	孫慧琪
排版	曾兆珩
製版	明宏彩色照相製版股份有限公司
印刷	桂林彩色印刷股份有限公司
法律顧問	經兆國際法律事務所　黃沛聲律師
戶名	瑞昇文化事業股份有限公司
劃撥帳號	19598343
地址	新北市中和區景平路464巷2弄1-4號
電話	(02)2945-3191
傳真	(02)2945-3190
網址	www.rising-books.com.tw
Mail	deepblue@rising-books.com.tw
本版日期	2019年8月
定價	450元

ORIGINAL JAPANESE EDITION STAFF

デザイン	小橋太郎（Yep）
撮影	日置武晴
スタイリング	池水陽子
調理アシスタント	小島桃恵
	高井悠衣
	伊原麻衣
	高石恭子
	小笹友実
企画・編集	小橋美津子（Yep）

國家圖書館出版品預行編目資料

發酵：麵包「酸味」和「美味」精準掌控 / 堀田誠著；邱顯惠譯. -- 初版. -- 新北市：瑞昇文化, 2019.03
144面；18.8 x 25.7公分
譯自：誰も教えてくれなかった プロに近づくためのパンの教科書 発酵編
ISBN 978-986-401-315-9(平裝)
1.點心食譜 2.麵包
427.16　　108002806